RECHERCHES
AGRONOMIQUES

(NOUVELLE SÉRIE)

PAR

J.-ISIDORE PIERRE

Membre correspondant de l'Institut (section d'Économie rurale)
Secrétaire de la Société d'agriculture et de commerce et de la Chambre consultative
d'agriculture de Caen, etc.

CAEN
IMPRIMERIE E. POISSON
18, rue Froide, 18

—

1864

RECHERCHES

AGRONOMIQUES

(NOUVELLE SÉRIE)

PAR

J.-ISIDORE PIERRE

Membre correspondant de l'Institut (section d'Economie rurale)
Secrétaire de la Société d'agriculture et de commerce et de la Chambre consultative
d'agriculture de Caen, etc.

CAEN

IMPRIMERIE E. POISSON
18, rue Froide, 18

1864

TABLE DES MATIÈRES

Caen. — Imprimerie E. Poisson.

FRAGMENTS D'ÉTUDES

SUR L'ANCIENNE

AGRICULTURE ROMAINE

(Extraits des auteurs latins)

> Ager pessime mulctatur, cujus dominus quid in
> eo faciendum sit non docet, sed audit villicum.
>
> CATO, *de Re rustica.*

> *Un domaine est très-mal exploité quand le maître,
> au lieu d'apprendre à son chef de culture ce qu'il
> convient d'y faire, est obligé de le lui demander.*

« S'il existait pour l'agriculture, dit Liebig (*Lettres sur l'agriculture moderne*), une histoire du développement du genre humain, ou si les hommes qui l'enseignent voulaient se renseigner là-dessus, le cultivateur saurait que, il y a 2000 ans déjà, les hommes les plus éclairés et les plus distingués de l'ancienne Rome voyaient la marche de l'agriculture entravée à cette époque par toutes les difficultés qui la menacent encore aujourd'hui ; que le même système de culture intensive que nos agronomes modernes considèrent et recommandent comme le meilleur, était déjà mis en pratique sans pouvoir néanmoins guérir le mal.

« Les écrits de Columelle, de Caton, de Virgile, de Varron et de Pline pourraient déjà faire ouvrir les yeux à bien des cultivateurs praticiens ; ils renferment bien des choses plus remarquables que tout ce que nos professeurs modernes peuvent enseigner aujourd'hui.

1

« Quand on lit les douze livres de Columelle et qu'on les
compare à nos manuels modernes d'agriculture pratique, on
éprouve vraiment la même sensation que si l'on se trouvait
transporté d'un désert aride dans un beau jardin, tellement
tout y est frais et gracieux. »

J'avais déjà rassemblé les éléments du travail qu'on va lire,
lorsque ces réflexions de l'illustre chimiste allemand me sont
parvenues fortuitement, comme un encouragement inattendu,
et les fragments que nous donnons ici n'ont d'autre but que de
justifier les appréciations du savant professeur de Munich, et
de provoquer à la lecture de ces auteurs agronomiques anciens
qu'on a trop généralement perdus de vue depuis le commencement du siècle.

A une époque où l'élevage et l'entretien du bétail cesse
d'être considéré comme un mal nécessaire, mais commence
à être envisagé comme une source réelle de profit pour le
cultivateur, il ne sera peut-être pas sans intérêt de se reporter
à dix-huit ou vingt siècles en arrière, pour se rendre compte
de ce qu'on pensait sur cette question, et de ce qu'on faisait
chez ce peuple romain si plein de bon sens pratique, et chez
qui l'agriculture était en si grand honneur.

L'entretien du bétail demande des fourrages, des prairies
naturelles ou des prairies artificielles pour le nourrir, des soins
particuliers pour le loger, pour le rationner convenablement,
une hygiène convenable et des soins spéciaux pour l'élever
ou pour l'engraisser.

L'étude que nous avons entreprise, et dont nous donnons
aujourd'hui quelques fragments, nous conduit à reconnaître

que, dans certains domaines d'alors, la basse-cour et surtout les volières pouvaient donner des produits dont on ne se fait pas d'idée aujourd'hui.

Nous sommes donc ainsi conduit à diviser ces études en plusieurs parties :

La première, comprenant les prés, les prairies artificielles et les plantes fourragères ;

La seconde, comprenant le logement et l'hygiène du bétail ;

La troisième, son alimentation et son entretien ;

La quatrième, l'élevage ;

La cinquième, l'alimentation, l'engrais des volailles ordinaires de basse-cour et de certains oiseaux dont l'engraissement, aujourd'hui abandonné, était autrefois très-lucratif pour ceux qui s'y livraient.

PREMIÈRE PARTIE.

Prés naturels, prairies artificielles, plantes fourragères diverses, ou parties de plantes utilisées pour l'alimentation des animaux.

CHAPITRE PREMIER.

DES PRÉS NATURELS. — DES MEILLEURES CONDITIONS POUR LEUR ÉTABLISSEMENT. — LEUR ENTRETIEN. — LA RÉCOLTE DE LEURS PRODUITS.

On se tromperait étrangement si l'on pensait que, chez les anciens, le soin de la formation et de l'entretien des prairies naturelles était entièrement abandonné à la nature. Il suffit de lire, dans Columelle, le chapitre que cet illustre agronome consacre à cette partie de l'agriculture, pour se convaincre de l'importance qu'on lui attribuait de son temps. Je cite textuellement, sans addition ni omission :

Livre II, chap. XVII. — *A quelles conditions on peut convertir en pré une terre en labour* [1].

« Le cultivateur pourra conduire à bien son entreprise, s'il fait provision non-seulement des autres espèces de fourrages, mais aussi d'une abondante quantité de foin, afin de mieux entretenir ses animaux, sans lesquels il est difficile de faire valoir avantageusement une terre. Il devra donc s'adonner à la culture des prés, genre de propriétés que les anciens Romains

---

[1]   *Quemadmodum ex arvo prata fiunt.*

Hæc arator exsequi poterit, si non solum alia genera pabulorum providerit, verum etiam copiam fœni, quo melius armenta tueatur, sine

mettaient au-dessus des autres. Aussi leur avaient-ils donné le nom de *prata*, parce qu'ils sont bientôt préparés (*parata*, *prêts*), n'exigeant pas un long travail. P. Caton a fait aussi l'éloge des prés, parce qu'ils n'ont pas à souffrir des tempêtes comme les autres parties d'une exploitation rurale; parce que, sans exiger de dépenses, ils ne donnent pas, chaque année, qu'un seul genre de revenu, en ce sens qu'ils ne rendent pas moins en pâturage qu'en foin.

Il y a deux genres de prés : les prés secs et les prés arrosables. Quand le terrain est gras et fertile, il n'a pas besoin d'être arrosé, et l'on considère le foin qui croît naturellement sur un sol plein de sève, comme préférable à celui qu'on n'obtient que par des irrigations réitérées, qui deviennent cependant nécessaires quand une terre maigre réclame de l'eau. Qu'un terrain soit compacte ou léger, on peut, quoiqu'il soit maigre, y établir un pré, pourvu qu'on ait la faculté de l'arroser; mais ce terrain ne doit pas être situé dans une vallée profonde, ni sur un côteau rapide ; dans le premier cas, il retiendrait trop longtemps l'eau qui s'y amasse; dans le second, l'eau s'en pré-

quibus terram commode moliri difficile est : et ideo necessarius ei cultus est etiam prati, cui veteres Romani primas in agricolatione laudes tribuerunt. Nomen quoque indiderunt ab eo quod protinus esset paratum, nec magnum laborem desideraret. M. etiam Porcius et illa commemoravit, quod nec tempestatibus affligeretur, ut aliæ partes ruris, minimique sumptus egens, per omnes annos præberet reditum, neque eum simplicem, quum etiam in pabulo non minus redderet, quam in fœno. Ejus igitur animadvertimus duo genera, quorum alterum est siccaneum, alterum riguum. Læto pinguique campo non desideratur influens rivus, meliusque habetur fœnum, quod svapte natura succoso gignitur solo, quam quod irrigatum aquis elicitur, quæ tamen sunt necessariæ, si macies terræ postulat; nam et in densa et resoluta humo, quamvis

cipiterait trop vite. Toutefois, sur une pente douce, on peut encore établir un pré, si le terrain est gras ou facile à arroser; mais c'est une plaine, surtout, qui se recommande pour cet objet, quand sa pente légère ne permet pas aux eaux pluviales ni aux eaux d'irrigation de s'y arrêter trop longtemps; en un mot, lorsqu'il s'y opère un écoulement lent et régulier des eaux qui peuvent y survenir. S'y trouve-t-il, dans quelques parties, des eaux croupissantes, il faut les faire écouler par des rigoles; car la surabondance des eaux n'est pas moins préjudiciable aux herbes que la trop grande sécheresse. »

Dans un chapitre suivant, Columelle explique et énumère ainsi les soins d'entretien que réclament les prairies naturelles :

Liv. II, chap. XVIII.—*Comment on entretient les prés établis* [1].

« La culture des prés demande plus de soin que de travail. Il faut d'abord n'y laisser subsister ni souches, ni épines, ni plantes d'une végétation trop vigoureuse. Vous en extirperez donc avant l'hiver et pendant l'automne les ronces, les

exili, pratum fieri potest, quum facultas irrigandi datur. Ac nec campus concavæ positionis esse, neque collis præruptæ debet ; ille, ne collectam diutius contineat aquam ; hic, ne statim præcipitem fundat. Potest tamen mediocriter acclivis, si aut pinguis est, aut riguus ager, pratum fieri. At planities maxime talis probatur, quo exigue prona non patitur diutius imbres, aut influentes rivos immorari ; aut si quis eam supervenit humor, lente prorepit. Itaque si palus in aliqua parte subsidens restagnat, sulcis derivanda est ; quippe aquarum abundantia atque penuria graminibus æque est exitio.

[1] Cultus autem pratorum magis curæ quam laboris est. Primum, ne stirpes aut spinas validiorisque incrementi herbas inesse patiamur ; atque alias ante hiemem et per autumnum exstirpemus, ut rubos, virgulta, juncos;

broussailles, les joncs; au printemps, vous arracherez les chi-
corées sauvages et les plantes épineuses qui ne se développent
qu'au solstice. Nous ne voulons pas non plus que le porc aille
y chercher sa pâture, parce qu'avec son groin il fouille et arrache les gazons; ni qu'on y introduise les grands animaux
quand le sol n'est pas très-sec, parce qu'en y enfonçant leurs
pieds, ils écrasent et brisent les racines de l'herbe. De plus, au
mois de février, pendant que la lune est dans son croissant, il
faut, avec du fumier, venir en aide aux terrains maigres et in-
clinés. Toutes les pierres, tout ce qui peut faire obstacle à la
faux, doit être enlevé tôt ou tard et porté ailleurs, suivant la
nature des lieux. Certains prés finissent à la longue par se couvrir d'une mousse vieille ou touffue; les cultivateurs ont coutume d'y porter remède en y semant des graines balayées dans
les fenils, ou en y répandant du fumier; mais aucun de ces
moyens ne produit un aussi bon effet qu'un fréquent emploi
de la cendre; cette substance tue la mousse. Toutefois, ces re-

alia per ver evellamus, ut intuba ac solsticiales spinas; ac neque suem
velimus impasci, quoniam rostro suffodiat et cæspites excitet; neque
pecora majora, nisi quum siccissimum solum est, quoniam demergunt
ungulas et atterunt scinduntque radices herbarum. Tum deinde ma-
ciora et pendula loca mense februario, luna crescente, fimo juvanda sunt;
omnesque lapides, et si qua objacent falcibus obnoxia, colligi debent,
a longius exportari, si committique pro natura locorum, aut temporius, aut
serius. Sunt autem quædam prata situ vetustatis obducta, veteri vel crasso
musco, quibus mederi solent agricolæ seminibus de tabulato superjectis,
vel ingesto stercore; quorum neutrum tantum prodest, quantum si cine-
rem sæpius ingeras : ea res muscum enecat. Attamen pigriora sunt ista
remedia, quum sit efficacissimum de integro locum exarare; sin autem
prata fuerint instituenda, vel antiqua renovanda (nam multa sunt, ut dixi,
quæ negligentia exolescant, et fiant sterilia), ea expedit interdum etiam

mèdes n'agissent que très-lentement, et il est souvent préférable de labourer en entier la place infestée.

« Lorsqu'on veut établir de nouveaux prés, ou qu'on se propose de renouveler ceux qui sont devenus trop vieux (et, je le répète, beaucoup n'ont vieilli et ne sont devenus stériles que par négligence), il est parfois avantageux de les labourer pour y faire du froment, parce qu'une telle terre, après un long repos, produit d'abondantes moissons.

« Le terrain dont nous voulons faire un pré sera d'abord soumis en été à un premier labour, puis à plusieurs autres pendant l'automne ; et alors on y sèmera des raves, des navets, ou même des fèves ; l'année suivante, du froment. La troisième année, il sera labouré avec soin, et toutes les grandes herbes, les ronces et les pousses d'arbres qui s'y trouveront seront extirpées à fond, à moins qu'on ne soit retenu par l'espoir des fruits que les arbustes pourraient promettre. On y sèmera ensuite de la vesce mêlée avec de la graine de foin ; les mottes seront brisées avec le sarcloir ; on aplanira le ter-

frumenti causa exarare, quia talis ager post longam desidiam lætas segetes affert.

Igitur, eum locum, quem prata destinaverimus, æstate proscissum subactumque sæpius per autumnum rapis, vel napis, vel etiam faba conseremus ; insequente deinde anno, frumento ; tertio, diligenter arabimus omnesque validiores herbas, et rubos, et arbores, quæ interveniunt, radicitus exstirpabimus, nisi si fructus arbusti id facere nos prohibuerit deinde viciam permixtam seminibus fœni seremus ; tum glæbas sarculi resolvemus, et inducta crate coæquabimus, grumosque, quos ad versuram plerumque tractæ faciunt crates, dissipabimus, ita ut necubi ferramentum fœnisecæ possit offendere. Sed eam viciam non convenit ante desecare, quam permaturuerit, et aliqua semina subjacenti solo jecerit. Tum fœnisecam messorem oportet inducere, et desectam herbam religare et ex-

rain en y faisant passer la herse, et les mottes, qu'en tournant
cet instrument amasse assez souvent au bout des sillons, seront tellement émiettées qu'il n'en reste rien qui puisse faire
obstacle au fer de la faux. Quant à la vesce, il ne faut pas la
couper avant qu'elle soit parvenue à parfaite maturité, et
qu'elle ait jeté un peu de sa graine sur le sol. C'est alors qu'il
faudra faucher, lier en bottes et enlever le fourrage coupé; on
arrosera ensuite si l'on a de l'eau à proximité, si toutefois la
terre est compacte; car, en terre meuble, il n'est pas bon d'amener beaucoup d'eau avant que le sol ne soit affermi et conso-
lidé par l'herbe, parce que l'eau, dans la rapidité de son cours,
délaye la terre, et, mettant à nu les jeunes racines, les empêche
de se nourrir. C'est par un motif semblable qu'il ne faut pas
introduire les troupeaux dans les prés nouveaux et faciles à
défoncer, mais se borner à en faucher l'herbe dès qu'elle aura
atteint une certaine hauteur; car, ainsi que je l'ai déjà dit,
les bestiaux enfoncent la corne de leurs pieds dans la terre
molle, et ne permettent pas aux racines qu'ils brisent de s'é-
tendre et de s'affermir. Pourtant, l'année suivante, nous per-
mettons au menu bétail d'y entrer après l'enlèvement du foin,

portare, deinde locum rigare, si fuerit facultas aquæ : si tamen terra den-
sior est; nam in resoluta humo non expedit inducere majorem vim
rivorum, priusquam conspissatum et herbis colligatum sit solum; quoniam impetus aquarum proluit terram, nudatisque radicibus gramina
non patitur coalescere; propter quod nec pecora quidem oportet te-
neris adhuc et subsidentibus pratis immittere, sed, quoties herba prosiluerit, falcibus desecare; nam pecudes, ut ante jam dixi, molli solo
infigunt ungulas, atque interruptas non sinunt herbarum radices serpere et condensare. Altero tamen anno minora pecora post fœnisicia
permittemus admitti, si modo siccitas et conditio loci patietur. Tertio

pourvu que le sol soit assez sec et de nature à n'en pas souffrir. Enfin, la troisième année, lorsque le pré sera devenu
plus solide et plus ferme, il pourra recevoir les grands bestiaux.
En général, on aura soin, lorsque le Favonius (vent d'ouest)
commence à souffler, vers le milieu de février, de répandre
sur les parties faibles, et principalement sur les parties élevées,
du fumier mêlé avec de la graine de foin ; car les points élevés
fournissent des principes fertilisants aux parties qui sont placées au-dessous, lorsqu'une pluie ou l'eau d'une rigole arti-
ficielle entraînent sur ces parties basses les sucs du fumier.
C'est pourquoi les agriculteurs un peu expérimentés fument plus
largement, même dans les terres labourées, les collines que
les vallées, parce que, je l'ai déjà dit, les pluies entraînent
toujours vers le bas la partie la plus substantielle des engrais.

Après avoir insisté sur les soins à donner aux prairies naturelles, Columelle décrit en ces termes, dans le chapitre suivant, les opérations relatives à la récolte des foins :

deinde, quum pratum solidius ac durius erit, poterit etiam majores reci-
père pecudes. Sed in totum curandum est, ut secundum Favonii exorium,
mense februario, circa idus, immixtis seminibus fœni, macriora loca,
et utique celsiora, stercorentur ; nam editior clivus præbet etiam subjec-
tis alimentum, quum superveniens imber, aut manu rivus perductus,
succum stercoris in interiorem partem secum trahit. Atque ideo fere
prudentes agricolæ, etiam in aratis, collem magis quam vallem stercorant,
quoniam, ut dixi, pluviæ semper omnem pinguiorem materiam in ima
deducunt.

Livre II, chap. XIX. — *Comment le foin coupé doit être traité
et serré*[1].

« On doit choisir, pour couper le foin, le moment où il n'est
point encore desséché ; car, outre qu'alors il est plus abondant, il fournit encore aux bestiaux une nourriture plus
agréable. Il y a une juste mesure à observer pour sécher le
foin ; il ne doit être serré ni trop sec, ni trop vert. Dans le
premier cas, ayant perdu tous ses sucs, il n'est propre qu'à
faire de la litière ; dans le second cas, s'il en conserve trop, il
pourrit au grenier, et peut même souvent, par l'effet de la
chaleur qui s'y développe, prendre feu et occasionner des in-
cendies. Quelquefois aussi, le foin qui vient d'être coupé est
surpris par la pluie. S'il est fortement mouillé, il est inutile
d'y toucher dans cet état ; il vaut mieux attendre que la couche
supérieure en soit séchée par le soleil, puis le retourner, et
lorsqu'il sera sec des deux côtés, on le rassemblera par ran-
gées et on le liera en bottes. On ne prendra pas de repos qu'il
ne soit mis à couvert, ou du moins rentré à la ferme, ou bot-

Quemadmodum succisum fœnum tractari et condi debeat.

Fœnum autem demetitur optime antequam inarescat ; nam et largius
percipitur, et jucundiorem cibum pecudibus præbet. Est autem modus
in siccando, ut neque peraridum, neque rursus viride colligatur ; alterum, quod omnem succum si amisit, stramenti vicem obtinet ; alterum,
quod si nimium retinuerit, in tabulato putrescit, ac sæpe quum conca-
luit, ignem creat et incendium. Nonnunquam etiam quum fœnum ceci-
dimus, imber oppressit ; quod si permaduit, inutile est idem movere,
meliusque patiemur superiorem partem solo siccari ; tunc demum con-
vertemus, et utrumque siccatum coarctabimus in strigam, atque ita
manipulos vinciemus ; nec omnino cunctabimur, quominus sub tectum
congeratur, vel si non compelit, ut aut in villam fœnum portetur, aut

telé. Tout ce qui sera fané au degré convenable, sera mis en meules dont le sommet se terminera en pointe très-aiguë; par ce moyen, on protége commodément le foin contre les eaux du ciel. Mais, lors même que le temps ne serait pas pluvieux, il serait cependant avantageux de mettre le foin en meules, parce que, s'il y reste un peu d'humidité, elle transsudera et s'évaporera. Aussi les cultivateurs expérimentés, même après avoir mis leur foin à couvert, ne le rangent-ils pas avant de l'avoir laissé pendant quelques jours, à peine entassé, fermenter et jeter son feu. »

Si nous exceptons la méthode de Clapmayer, qui ne devait pas trouver souvent sa raison d'être dans un pays généralement plus sec que le nôtre, nous retrouvons, dans ce chapitre de Columelle, à peu près tout ce que savent les bons praticiens de nos jours sur la question.

La lecture des autres agronomes latins nous en apprendrait beaucoup moins, comme on en pourra juger par le laconisme des citations suivantes, qui résument presque tout ce qu'ils nous ont laissé sur les prairies naturelles.

Ainsi *Caton* nous dit :

« Lorsque le moment convenable sera venu, coupez vos foins, et évitez de les couper trop tard. Coupez-les avant la

in manipulos colligatur; certe, quidquid ad eum modum, quo debet, siccatum erit, in metas extrui conveniet; easque ipsas in angustissimas vertices exacui. Sed enim commodissime fœnum defenditur a pluviis, quæ etiamsi non sint, non alienum tamen est, prædictas metas facere, ut si quis humor herbis inest, exsudet, atque excoquatur in acervis. Propter quod prudentes agricolæ, quamvis jam illatum tecto, non ante componunt, quam per paucos dies temere congestum, in se concoqui et defervescere patiantur.

maturité des graines, vous en obtiendrez de meilleurs foins
que vous serrerez à part [1]. »

Palladius, en parlant des travaux du mois de mai, s'exprime
ainsi :

« C'est dans ce mois que doivent être coupés les foins dans
les pays secs, chauds, ou voisins de la mer, avant qu'ils ne se
dessèchent.

« S'ils sont mouillés sur place, ne les retournez pas avant
que le dessus ne soit sec [2]. »

Varron, considérant les choses à un autre point de vue, envisage le cas où le cultivateur vendrait son foin, au lieu de le
faire consommer dans la propriété :

« Si, dans un domaine, il y a des prés, dit-il, et que le propriétaire ne possède pas de bestiaux, il devra faire son possible pour que, son foin vendu, le troupeau d'un autre propriétaire vienne paître et séjourner sur ses propres terres [3]. »

On comprenait donc déjà, dans ces temps reculés, qu'il n'est
pas prudent de vendre ses fourrages sans chercher à se procurer des engrais du dehors.

[1] Fœnum, ubi tempus erit, secato, cavetoque ne sero seces. Priusquam
semen maturum fiet, secato, et quod optimum fœnum erit, seorsum
condito. (CATO, *de Re rustica*, LIV.)

[2] ... Hoc mense in locis siccis, calidis, sive maritimis fœna recidan-
tur, prius tamen quam exarescant. Quod si pluviis infusa fuerint, con-
verti ante non debent, quam pars eorum summa siccata sit.

(PALLADIUS, lib. VI. — *Maius.*)

[3] Si prata sunt in fundo, neque pecus dominus habet, danda opera
ut, pabulo vendito, alienum pecus in suo fundo pascat et stabulet.

CHAPITRE II.

PLANTES FOURRAGÈRES CONSTITUANT LES PRAIRIES ARTIFICIELLES.

I. *Luzerne.*

De toutes les plantes fourragères formant la base des prairies artificielles de notre époque, il n'en est aucune à laquelle les auteurs latins aient consacré une description aussi complète qu'à la *luzerne.* Cependant nous n'avons rien trouvé, dans ce que nous a laissé *Caton*, qui ait trait à la culture de cette plante, et il faut aller jusqu'à Varron pour en trouver les premières indications. Voici ce qu'il en a dit dans le chapitre XLII du premier livre de son ouvrage [1] :

« Vous aurez grand soin de ne semer la luzerne ni dans une terre trop aride, ni dans une terre trop inégale, mais dans un sol de consistance moyenne ; par jugère, dans une terre de cette nature, il faut un modius et demi de graine (environ 30 litres par hectare). L'ensemencement se fait de la même manière et en même temps que celui du froment. »

Mais c'est surtout le chapitre consacré par Columelle à la culture de la luzerne qui peut nous donner une idée du prix qu'on attachait alors à cette précieuse plante fourragère.

---

[1] De medica in primis observes ut ne in terram nimium aridam, aut variam, sed temperatam, semen demittas ; in jugerum unum, si est natura temperata terra, scribunt opus esse medicæ sesquimodium ; id seritur ita, et semen jactatur quemadmodum, scilicet, cum pabulum et frumentum seritur.

Voici cet intéressant chapitre de l'illustre agronome latin [1] :

« On cultive plusieurs espèces de plantes fourragères ; telles sont la luzerne, la vesce, la dragée à base d'orge, l'avoine, le fenu-grec, l'ers et la gesse. Nous nous dispensons d'énumérer les autres, et à plus forte raison de les cultiver. J'en excepte pourtant le cytise, dont j'ai parlé en traitant des arbrisseaux.

« Mais, de toutes les plantes qui méritent notre attention, la plus remarquable est la luzerne, qui, une fois semée, peut durer dix ans. Elle peut être fauchée quatre fois et même jusqu'à six fois par an. Elle fertilise le champ qui la porte ; elle engraisse tout bétail maigre qui s'en nourrit ; elle rend la santé à l'animal souffrant. Un seul jugère de luzerne suffit pour nourrir trois chevaux pendant toute une année.

« Voici comment on doit la semer : vers le commencement d'octobre, donnez un premier labour au champ dans lequel vous devez semer de la luzerne au printemps suivant, et laissez la

---

[1] *Genera pabulorum ; de medica, vicia, farragine, avena, fœno græco, ervo et cicera.*

Pabulorum genera complura, sicut medicam, et viciam, farraginem quoque hordeaceam, et avenam, fœnum græcum, nec minus ervum, et cicera. Nam cetera neque enumerare, ac minus serere dignamur : excepta tamen cytiso, de qua dicemus in iis libris quos de generibus surculorum conscripsimus.

Sed ex iis quæ placent, eximia est herba medica : quod quum seme seritur, decem annis durat ; quod per annum deinde recte quater, interdum etiam sexies, demetitur ; quod agrum stercorat ; quod omne emaciatum armentum ex ea pinguescit ; quod ægrotanti pecori remedium est ; quod jugerum ejus toto anno tribus equis abunde sufficit.

Seritur, ut deinceps præcipiemus. Locum, in quo medicam proximo vere saturus es, proscindito circa kalendas octobris, et eum tota hieme putrescere sinito ; deinde kalendis februariis diligenter iterato et lapides omnes egerito, glæbas effringito ; postea circa martium mensem tertiato

terre se mûrir pendant tout l'hiver. Au commencement de février, labourez soigneusement votre champ pour la seconde fois, enlevez toutes les pierres et brisez les mottes ; vers le mois de mars, donnez un troisième labour suivi d'un hersage. Lorsque vous aurez ainsi travaillé votre sol, partagez-le comme un jardin en planches larges de dix pieds, longues de cinquante, afin de pouvoir, par les sentiers, faire parvenir l'eau d'irrigation et donner de chaque côté accès aux sarcleurs. Répandez-y ensuite du fumier consommé, et à la fin d'avril faites votre ensemencement de manière que chaque cyathe[1] de graines occupe un espace de dix pieds de long sur cinq pieds de large (environ 20 litres par hectare).

« Cette opération terminée, vous recouvrirez sans retard, au

et occato. Quum sic terram subegeris, in morem horti areas latas pedum denum, longas pedum quinquagenum facito, ut per semitas aqua ministrari possit, aditusque utraque parte runcantibus pateat. Deinde vetus stercus injicito ; atque, ita mense ultimo aprilis serito tantum, quantum ut singuli cyathi seminis locum occupent decem pedum longum, et quinque latum. Quod ubi feceris, ligneis rastris, id enim multum confert, statim jacta semina obruantur : nam celerrime sole aduruntur. Post sationem ferro tangi locus non debet. Atque, ut dixi, ligneis rastris sarriendus, et identidem runcandus est, ne alterius generis herba invalidam medicam perimat.

Tardius messem primam ejus facere oportebit, quum jam seminum aliquam partem ejecerit. Postea quam voles teneram, quum prosiluerit, deseces licet et jumentis præbeas ; sed inter initia parciter, dum consuescant, ne novitas pabuli noceat ; inflat enim, et multum creat sanguinem. Quum sequeris autem, sæpius eam rigato. Paucos deinde post dies, ut cœperit fruticare, omnes alterius generis herbas erubcato. Sic culta sexies in anno demeti poterit, et permanebit annis decem. (Lib. II. cap. XI.)

[1] Le cyathe répond à peu près à 833 dix-millièmes de litre, et le pied romain a été évalué à 295 millimètres.

La quantité de graine ordinairement employée aujourd'hui est peu différente de celle que nous indiquons ici d'après Columelle, si les mesures indiquées pour le cyathe et pour le jugère sont exactes.

moyen de herses en bois, la graine que vous aurez répandue. Cette précaution est nécessaire pour la préserver des rayons du soleil. Après l'ensemencement, le terrain ne doit plus être touché par le fer ; c'est avec des râteaux de bois, comme je l'ai déjà dit, qu'il doit être sarclé et nettoyé pour empêcher qu'aucune espèce d'herbe étrangère n'étouffe la luzerne pendant quelle est encore faible.

« Il en faudra faire la première coupe un peu tard, quand elle aura déjà laissé échapper une petite partie de ses graines ; vous pourrez ensuite, quand elle aura repoussé, la couper aussi tendre que vous le voudrez pour la donner aux bêtes de travail ; mais avec circonspection d'abord, jusqu'à ce qu'elles s'y soient accoutumées, pour que ce fourrage nouveau ne leur soit pas nuisible ; car elle peut les météoriser, et *elle produit beaucoup de sang*.

« Après l'avoir coupée, arrosez-la souvent, et quelques jours plus tard, lorsqu'elle commencera à pousser de nouvelles tiges, sarclez toutes les mauvaises herbes.

« Ainsi cultivée, la luzerne pourra fournir par an six coupes et durer dix années. »

Pline nous a également laissé un chapitre sur la culture de la luzerne, mais il est facile de voir, à la lecture de ce document, que Pline ne parle pas, comme Columelle, *ex professo*, et qu'ici, comme dans la plupart de ce qu'il nous a laissé, il est plus compilateur que praticien.

Voici, du reste, comment il s'exprime à ce sujet [1] :

« La luzerne a été introduite en Grèce par les Mèdes, pen-

---

[1] *Medica.*

Medica externa etiam Græciæ est, ut a Medis advecta per bella Persa-

·dant les guerres que fit dans ce pays Darius, roi de Perse.
Cette plante mérite, par ses grandes qualités, qu'on la classe
parmi les meilleures; une fois semée, elle peut durer plus
de trente ans. Elle ressemble au trèfle. Sa tige et ses feuilles
sont noueuses. A mesure que la tige s'élève, ses feuilles deviennent plus étroites.........

« Le champ où l'on veut semer la luzerne doit être épierré,
nettoyé avec soin et retourné en automne. Peu de temps après,
il faut le labourer, puis le herser jusqu'à trois fois, de cinq
en cinq jours, après y avoir mis du fumier. Cette plante demande un terrain sec, fertile ou irrigable. Le sol ainsi préparé,
on sème la luzerne au mois de mai; autrement elle craindrait
les gelées. Il faut la semer très-dru, pour qu'elle occupe tout
le terrain , et que toute autre herbe n'y puisse végéter.
Vingt modius de graine par jugère sont plus que suffisants

rum, quæ Darius intulit : sed vel in primis dicenda, tanta dos ejus est ,
quum ex uno satu amplius quam tricenis annis duret. Similis est trifo-
lio : caule, foliisque geniculata : quidquid in caule adsurgit, folia con-
trahuntur.....
Solum, in quo seratur, elapidatum purgatumque subigitur autumno :
mox aratum, et occatum integitur crate iterum ac tertium, quinis diebus interpositis, et fimo addito. Poscit autem siccum succosumque, vel
riguum. Ita præparato seritur mense maio : alias pruinis obnoxia. Opus
est densitate seminis omnia occupari, internascentesque herbas excludit
Id præstant in jugera modia vicena. Movendum ne aduratur, terraque
protinus integi debet. Si sit humidum solum herbosumve, vincitur, et
desciscit in pratum. Ideo protinus altitudine unciali herbis omnibus li-
beranda est, manu potius quam sarculo. Secatur incipiens florere, e
quoties refloruit. Id sexies evenit per annos, quam minimum, quater.
In semen maturescere prohibenda est, quia pabulum utilius est usque
ad trimatum. Ad trimatum, marris ad solum radi. Ita reliquæ herbæ
intereunt sine ipsius damno, propter altitudinem radicum. Si evicerint
herbæ, remedium unicum est aratio, sæpius vertendo, donec omnes aliæ

(4 hectolitres par hectare [1].) Il faut la recouvrir immédiatement, pour éviter qu'elle ne soit brûlée par le soleil. Si le sol est humide et sujet à s'enherber, elle sera étouffée et fera place à un pré. Il faudra donc, dès qu'elle aura un doigt de hauteur, la débarrasser de toutes les herbes étrangères avec la main plutôt qu'avec le sarcloir. On la coupe quand elle commence à fleurir, et toutes les fois qu'elle refleurit, ce qui arrive six fois par an, ou au moins quatre fois [2]. Il faut l'empêcher de porter graine, car elle est meilleure en herbe, jusqu'à l'âge de trois ans. A l'âge de trois ans, on la coupe à fleur de terre ; on fait ainsi périr les autres herbes sans endommager la luzerne, qui a des racines très-profondes. Si les herbes prenaient le dessus, l'unique remède serait d'y passer la charrue, et de retourner souvent la terre jusqu'à l'entière destruction des racines étrangères. On ne doit pas donner aux bestiaux de la luzerne jusqu'à satiété, si l'on ne veut pas être obligé de leur tirer du sang.

« Ce fourrage est meilleur vert que sec ; en séchant il durcit, et finit par se briser en une poussière dont on ne peut tirer aucun parti. »

radices intereant. Dari non ad satietatem debet, ne deplere sanguinem necesse sit. Et viridis utilior est. Arescit surculose, ac postremo in pulverem inutilem extenuatur. (Lib. XVIII, cap. xliii.)

[1] Il y a là une erreur très-grave ou une absurde exagération, puisque la quantité de graine actuellement employée est ordinairement comprise entre 20 et 25 kilogrammes par hectare, ou 26 à 32 litres. Les quatre hectolitres de graine que le texte de Pline attribuerait à la semence représentent assez bien la quantité de graine qu'on peut récolter sur un hectare, dans des conditions passables. L'erreur de Pline pourrait donc provenir d'un quiproquo.

[2] On ne doit pas trop s'étonner de ces cinq à six coupes de luzerne,

Enfin Palladius, dans l'énumération des travaux de chaque mois de l'année, insiste pour qu'on s'occupe, en février, de préparer la terre qu'on destine à porter de la luzerne.

« C'est maintenant, dit-il, qu'il convient de labourer, d'épierrer et de herser avec soin le champ qui doit recevoir de la luzerne [1]. Après l'avoir, vers les premiers jours de mars, mis en façon comme la terre d'un jardin, vous y ferez des planches longues de cinquante pieds sur dix de large, afin qu'on puisse aisément les arroser et en arracher de chaque côté les mauvaises herbes; après avoir reçu du fumier consommé, elles seront ainsi prêtes pour le mois d'avril. »

Puis, lorsque arrive l'énumération des travaux du mois d'avril, il ajoute :

« Au mois d'avril, semez la luzerne sur des planches préparées comme nous l'avons dit précédemment [2]. Une fois semée, elle dure dix ans, et peut être coupée de quatre à six fois par an. Elle fume les terres, remet en état les animaux maigres et guérit ceux qui sont malades. Un jugère de luzerne fournit

attendu que cela n'est pas rare dans le midi, que Pline avait plus particulièrement en vue. Il paraît même qu'en Espagne et en Italie on peut quelquefois obtenir, au moyen des irrigations, jusqu'à huit ou dix coupes par an, dans les bonnes luzernières.

[1] Nunc ager qui accepturus est medicam iterandus est, et purgatis lapidibus, diligenter occandus. Et circa martias kalendas subacto sicut in hortis solo, formandæ sunt areæ latæ pedibus X, longæ pedibus L, ita ut eis aqua ministretur, et facile possint ex utraque parte runcari. Tunc injecto antiquo stercore, in aprilem mensem reservantur paratæ. (Lib. III, cap. vi.)

[2] Aprili mense in areis, quas ante, sicut diximus, præparasti, medica serenda est. Quæ quum semel scritur, decem annis permanet, ita ut quater vel sexies possit per annum recidi. Agrum stercorat, macra animalia reficit,

abondamment toute l'année la nourriture de trois chevaux. Un cyathe de cette graine suffit pour ensemencer un espace de cinq pieds de large sur dix pieds de long (environ 20 litres par hectare); on la recouvre, dès qu'elle est semée, avec de petits râteaux de bois, car elle serait bientôt brûlée par le soleil. Après l'ensemencement, on la débarrassera souvent des mauvaises herbes avec des râteaux de bois, afin qu'elle ne soit pas étouffée lorsqu'elle est encore tendre.

« La première coupe s'en fera tard, mais on pourra faire les autres aussitôt qu'on voudra, et les donner aux bestiaux. Il ne faut cependant pas leur donner à discrétion du nouveau fourrage, parce qu'il les gonfle et leur fournit beaucoup de sang. — Quand la luzerne sera coupée, arrosez-la souvent. Quelques jours plus tard, quand elle commencera à pousser, arrachez toutes les herbes étrangères; de cette manière vous en ferez six récoltes par an, et elle pourra se conserver pendant dix années consécutives. »

Le *sainfoin* ne paraît pas avoir été cultivé comme plante fourragère par les Romains, ou du moins ils ne nous ont rien laissé qui se rapporte à cette plante, qui joue un si grand

curat ægrota. Jugerum ejus toto anno tribus equis abunde sufficit. Singuli cyathi seminis occupant locum latum pedibus quinque, longum pedibus decem. Sed mox ligneis rastellis obruantur jacta semina, quia sole citius comburuntur. Post sationem rastris ligneis frequenter herba mundetur, ne teneram medicam premat.

Prima messis ejus tardius fiet ; ceteræ messes quam volueris cito peragantur, et jumentis præbeantur. Sed primo parcius præbenda est novitas pabuli ; inflat enim, et multum sanguinem creat. Ubi secueris sæpius riga. Post paucos dies, quum fruticare cœperit, omnes alias herbas runcato ; ita et sexies per annum metis, et annis decem poterit manere continuis. (*De Re rustica*, lib. V, cap. I, *Aprilis*.)

rôle dans l'alimentation du bétail d'une grande partie de l'empire français actuel.

Nous en pourrions dire presqu'autant du *trèfle*, que Pline cite cependant plusieurs fois. Il en parle comme d'une plante qui croît spontanément dans les terres propres à la culture du blé. Plus loin (dans son livre XXI, chap. LXXXVII), Pline cite encore le trèfle comme pouvant servir, *par ses fleurs, à faire des couronnes*, et par ses graines, à faire des *médicaments*. Ainsi, *la graine du trèfle à petites feuilles, réduite à l'état d'onguent*, était alors *recommandée aux dames romaines pour entretenir la fraîcheur de leur peau*.

Nous trouvons encore, cependant, une citation de Palladius relative au trèfle; mais il ne s'agissait pas de l'employer pour la nourriture du bétail proprement dit; il s'agissait de l'alimentation des oies.

« A défaut d'herbe, dit Palladius, nous sèmerons, pour leur nourriture, du *trèfle* [1], du fenu grec, de la chicorée sauvage et des petites laitues. »

S'il est vrai de dire que, sous plus d'un rapport, notre agriculture doit beaucoup aux agronomes romains, il est juste aussi d'ajouter qu'ils n'avaient pas encore tout vu ni tout mis en pratique, et que les temps modernes ont ajouté quelque chose d'utile à la masse des connaissances que les anciens nous avaient transmises.

[1] Si herba non suppetit, *trifolium*, fœnum græcum, agrestia intuba, lactuculas seremus alimento (lib. I).

Plantes fourragères annuelles.

La plupart des plantes fourragères annuelles recommandées par les auteurs latins sont précisément celles qui sont encore employées de nos jours.

Ainsi *Caton*, dans son langage rude et souvent trop concis, disait (chap. XXVII) :

« Semez, pour la nourriture de vos bœufs, la *dragée*, la *vesce*, le *fenu-grec*, la *fève*, l'*ers*. Semez-en une seconde fois, puis une troisième [1]. »

Cette succession d'ensemencements recommandée par Caton est précisément ce que pratiquent aujourd'hui les bons cultivateurs, pour avoir le plus longtemps possible de bon fourrage vert. Il n'y a guère de changement que dans certaines substitutions de plantes commandées par la différence des climats.

De la vesce.

La vesce occupait, chez les Romains, le premier rang parmi les plantes fourragères annuelles, et il en est encore ainsi presque partout aujourd'hui.

Voyons ce qu'en ont dit successivement les auteurs latins qui se sont consacrés à l'agronomie.

« La vesce [2], dit *Columelle*, peut être semée à deux époques différentes : si elle doit être employée comme fourrage, on la sème vers l'équinoxe d'automne, dans la proportion de sept

---

[1] Ocinum, viciam, fœnum græcum, fabam, ervum, pabulum bubus serito. Alteram et tertiam pabuli sationem facito.

[2] Viciæ autem duæ sationes sunt : prima, quæ pabuli causa circa æquinoctium autumnale serimus, septem modios ejus in unum jugerum; se-

modius par jugère (environ 280 litres par hectare); si elle est destinée à produire de la graine, elle se sème dans le mois de janvier, ou même plus tard, dans la proportion de six modius par jugère (240 litres par hectare). La semence pourrait être répandue sur la terre non labourée; mais un labour préalable est préférable. La vesce n'aime pas à être semée pendant la rosée; on doit attendre, pour la répandre, la seconde ou la troisième heure du jour, quand l'humidité a complétement disparu sous l'action du vent ou du soleil, et il n'en faut pas semer plus qu'on n'en peut recouvrir le même jour; car si la nuit survenait avant que tout fût enterré, la moindre humidité pourrait détériorer la graine. »

Voici maintenant ce que dit Pline au sujet de la même plante :

« La vesce engraisse la terre, et sa culture n'exige pas grand travail de la part du cultivateur. Elle se sème sur un seul labour; elle n'a besoin d'être ni sarclée ni fumée; elle ne demande qu'un hersage. On la peut semer à trois différentes époques: vers le coucher d'arcturus, pour la faire pâturer vers le mois de décembre; c'est le meilleur moment de la semer pour graine. Elle repousse encore après avoir été pâturée. La seconde époque de semaille est le mois de janvier, et la

cunda, quæ sex modios, mense januario, vel etiam serius, jacimus se-
mini progenerando. Utraque satio potest cruda terra fieri, sed melius pro-
scissa; idque genus præcipue non amat rores, quum seritur. Itaque post
secundam diei horam, vel tertiam, spargendum est, quum jam omnis
humor solo ventove detersus est; neque amplius projici debet, quam
quod eodem die possit operiri. Nam si nox incesserit, quantulocumque
humore prius quam obruatur, corrumpitur. (Lib. II, cap. xi.)

troisième le mois de mars ; c'est alors qu'elle donne le plus de
fourrage. C'est, de tous les grains, celui qui aime le plus un terrain sec ; néanmoins il s'accommode des lieux ombragés. On
préfère sa paille à toutes les autres, quand elle a été recueillie
en maturité. Semée dans les vignes, elle les affame et les fait
dépérir [1]. »

Enfin, Palladius, en parlant des travaux du mois de septembre, consacre à peine quelques lignes à la vesce [2].

« C'est maintenant, dit-il, qu'on fait les premiers ensemencements de vesce et de fenu-grec qu'on veut semer pour fourrage. Sept modius de vesce et pareille quantité de fenu-grec
couvriront un jugère (environ 2 hectolitres 80 litres par hectare). »

Fourrages mélangés.

On cultivait encore, comme de nos jours, des mélanges divers, destinés à être consommés en vert. On leur donnait le
nom de *farrago*, d'où nous est venu, sans aucun doute, le nom
de fourrage. Tels sont nos mélanges divers de vesce, de gesse,

---

[1] Et vicia pinguescit arva, nec ipsa agricolis operosa : uno sulco sata,
non sarritur, non stercoratur, nec aliud quam deoccatur. Sationis ejus
tria tempora : circa occasum arcturi, ut decembri mense pascat : tunc
optime seritur in semen. Æque namque fert depasta. Secunda satio
mense januario est ; novissima martio : tum ad frondem utilissima. Sic-
citatem ex omnibus, quæ seruntur, maxime amat : non aspernatur etiam
umbrosa. Ex semine ejus, si lecta matura est, palea ceteris præfertur.
Vilibus præripit succum, languescuntque si in arbusto seratur. (Lib. XVIII,
cap. xxxvii.)

[2] Nunc viciæ prima satio est et fœni græci, quum pabuli causa seruntur. Viciæ VII modii jugerum, æque et fœni græci semen implebit. (Lib. X,
cap. viii.)

[...] il faut avant l'hiver [...] une couche [...] de cultiver [...] labour. On obtient un excellent résultat en semant [...] à six rangs, [...]), vers l'époque de [...] pâture, arrose bien aussitôt que [...] la plante lève promptement, et prend de sa forme avant [...] cours de l'hiver. Quand les autres fourrages [...] dans la saison froide, on coupera de la dragée qu'on pourra donner avec avantage aux bœufs et aux autres bestiaux. [...] vous voulez la faire pâturer plusieurs fois, vous pourrez la [...] jusque dans le mois de mai. Si vous en voulez récolter [...] graine, il faut en éloigner les animaux dès le commencement [...] et la préserver de tout ce qui pourrait l'empêcher de monter en graine. [...]

[...] pour la même année, ou automne, de l'année [...]

Terragineam in recubili stercorosissimo loco, et altera [...] seperari, et si phlium, enim [...] hordei, [...] cum altercilior clam semino quam columnella, aut [...] et comitia rigoaque imbribus, celeriter prodeat, [...] hiemis violentiam. Nam rigoribus quam alia [...] certioribus pecoribus optime denota prabeat [...] voluisque in messem melam sufficit. Quod si [...] et [...] kalendis mensibus pecora depellenda, [...] sedenda sit, si sit idonea fraglibus. Similis aute [...] [illegible]

une partie est fauchée et fanée, ou mangée en vert, et l'autre conservée pour graine. »

Pline consacre également quelques lignes à la culture du *farrago*.

« On obtient la dragée (farrago), dit-il, au moyen d'un *far* de rebut (sortes de criblures de froment), qu'on sème fort épais, en y mêlant quelquefois de la vesce. En Afrique, on emploie l'orge pour cet objet [1]. »

Quant à Palladius, il est facile de voir qu'il a emprunté à Columelle tout ce qu'il dit sur ce sujet. En effet, en énumérant les travaux du mois de septembre, il dit:

« Vous semerez aussi de la dragée dans une terre en bon état de culture et fumée. On répandra par jugère dix modius (quatre hectolitres par hectare) d'orge cantherin (orge à six rangs, escourgeon) vers l'équinoxe, afin que la plante ait pris de la force avant l'hiver. Si vous voulez la faire pâturer à plusieurs reprises, elle pourra fournir de la pâture jusqu'en mai; mais si vous en voulez retirer du grain, vous devrez, à partir du commencement de mars, en interdire l'approche à vos bestiaux [2]. »

Les anciens désignaient sous le nom d'*ocinum*, d'*ocimum* ou *ocymum*, un genre de mélange qui ne différait guère du *far-*

---

[1] Farrago est recrementis farris, prædensa seritur, admixta aliquando vicia. Eadem in Africa fit ex hordeo.

[2] Farrago etiam loco restibili stercorato seritur. Hordei cantherini jugero X modios spargimus circa æquinoctium, ut ante hiemem convalescat. Si depasci sæpius velis, usque in maium mensem ejus pastura sufficiet; quod si ex ea semen etiam redigere, usque ad martias kalendas, et dehinc pecora prohibebis. (Lib. X, cap. VIII. *September*.)

rago qu'en ce qu'on n'y faisait entrer habituellement que des plantes de la famille des légumineuses (fèves, vesces, ers, etc.). *Pline* a résumé en peu de mots à peu près tout ce qu'en ont dit les auteurs agronomiques latins.

« Les anciens, dit-il, avaient un genre de fourrage que Caton appelle *ocymum* [1], qui jouissait de la propriété d'arrêter la diarrhée des bœufs. Il se composait de divers fourrages coupés en vert avant les gelées. *Sura Manilius* s'explique autrement sur ce sujet ; suivant lui, on semait, en automne, par jugère un mélange de dix modius de fèves, deux de vesce, et autant d'ervillière (deux hectolitres de fèves, un demi-hectolitre de vesce et un demi-hectolitre de lentille ervillière par hectare). On y mêlait avec avantage de l'avoine grecque (espèce de *fromental*), qui ne perd pas sa graine. D'après Varron, ce fourrage, qu'on a coutume de semer pour les bœufs, tire son nom *ocinum* du grec ὠκέως, à cause de la rapidité de sa croissance. »

On cultivait alors fréquemment un genre de fourrage beaucoup moins connu de nos jours, du moins dans nos climats tempérés septentrionaux, c'est le *fenu-grec* (*fœnum græcum*, mot à mot foin grec). Voici le passage que lui a consacré Columelle (liv. II, chap. XI.)

« Le *fenu grec* [2], que les paysans appellent *silique*, peut se

[1] Apud antiquos erat pabuli genus, quod Cato ocymum vocat, quo sistebant alvum bubus. Id erat e pabulis, segete viride desecta, antequam gelaret. Sura Manilius id aliter interpretatur, et tradit fabæ modios decem, viciæ duos, tantumdem erviliæ in jugero autumno misceri et seri solitum. Melius et avena græca, cui non cadit semen, admixta. Hoc vocitatum ocinum, boumque causa seri solitum, Varro appellatum a celeritate proveniendi, e græco quod ὠκέως dicunt.

[2] Fœnum Græcum, quod siliquam vocant rustici, duo tempora sationum

semer à deux époques différentes : au mois de septembre, vers l'équinoxe, en même temps que la vesce, quand on veut en faire du fourrage ; à la fin de janvier ou au commencement de février quand on sème pour graine. Dans le premier cas, on emploie sept modius de graine par jugère (280 litres par hectare); dans le second, six modius seulement (240 litres par hectare). Ces deux ensemencements peuvent se faire sur jachère sans inconvénient ; on doit seulement avoir soin que la semence soit bien couverte, sans l'être trop profondément ; car lorsqu'elle est enterrée à plus de quatre doigts de profondeur, elle ne lève pas facilement. C'est pour cette raison qu'avant de semer, on commence quelquefois par labourer avec de petites charrues, et que la semence répandue est recouverte avec le sarcloir. »

Pline en dit également quelques mots dans son dix-huitième livre, chapitre trente-deux, et s'exprime ainsi à ce sujet :

« Le *Silicia*, ou fenu-grec, s'enterre à l'aide du scarificateur, à moins de quatre doigts de profondeur. Il semble que moins on donne de soins à sa culture, mieux il vient. Il est rare de trouver ainsi une plante à qui la négligence soit profitable [1]. »

habet, quorum alterum est septembris mensis, quum pabuli causa seritur, iisdem diebus quibus vicia, circa æquinoctium; alterum autem mensis januarii ultimo, vel primo februarii, quum in messem seminalur; sed hac ratione jugerum sex modiis, illa septem occupamus; utraque cruda terra non incommode it; daturaque opera ut spisse aretur, nec tamen alte; nam si plus quatuor digitis adobrutum est semen ejus, non facile prodit. Propter quod nonnulli, priusquam serant, minimis aratris proscindunt, atque ita jaciunt semina et sarculis adobruunt.

[1] Silicia, hoc est fœnum græcum, scarificatione seritur, non altiore

Nous rangerons encore parmi les plantes fourragères préconisées par les anciens le *cytise*, sur lequel se sont longtemps exercés leurs traducteurs ou leurs commentateurs, parce que, suivant les uns, il s'agissait du faux ébénier, tandis que, suivant d'autres, il s'agissait, non d'un arbre, mais d'un faible arbuste, *la luzerne arborescente* (*cytisus maranta*, ou *medicago arborea*).

Mais laissons d'abord parler les auteurs qui ont vanté ou recommandé l'emploi du cytise; la description qu'ils nous en donneront nous permettra peut-être de choisir entre les deux opinions que nous venons de rappeler.

Voici comment s'exprime Col" melle, au sujet du cytise, dans le chapitre douze du cinquième livre de son remarquable Traité d'économie rurale [1] :

« Il est très-important d'avoir dans une métairie beaucoup de *cytise*, puisqu'il est très-utile aux volailles, aux abeilles, aux chèvres, aux bœufs et à toute espèce de bestiaux; il les engraisse promptement, et procure aux brebis une grande abondance de lait; en outre, il peut fournir du fourrage vert pendant huit

quatuor digitorum sulco, quantoque pejus tractatur, tanto proyenit melius. Rarum dictu, esse aliquid cui prosit negligentia.

[1] Cytisum in agro esse quam plurimum, maxime refert, quod gallinis, apibus, capris, bubus quoque et omni generi pecudum utilissimus est, quod ex eo cito pinguescit, et lactis plurimum præbet ovibus; tum etiam quod octo mensibus viridi eo pabulo uti, et postea arido possis. Præterea in quolibet agro quamvis macerrimo, celeriter comprehendit; omnem injuriam sine noxa patitur.

Satio autem cytisi vel autumno circa idus octobris, vel vere fieri potest. Quùm terram bene subegeris, aerolas facito, ibique velut ocymi semen cytisi autumno serito. Plantas deinde vere disponito, ita ut inter se quoquoversus quatuor pedum spatia distent. Si semen non habueris,

mois, et ensuite du fourrage sec. D'ailleurs, le cytise pousse
promptement dans toute espèce de terre, si maigre qu'elle puisse
être. Il ne souffre aucun dommage de ce qui nuit aux autres
végétaux.

« On peut semer le cytise en automne, vers le milieu d'octobre, ou bien au printemps. Quand la terre a été bien préparée,
disposez-la en petites planches, et semez-y, en automne, de la
graine de cytise, comme on sème la dragée. Au printemps, re-
piquez votre plant à la distance de quatre pieds (un mètre 18
centimètres) en tous sens. Si vous n'avez pas de graine, plan-
tez des cimes de cytise au printemps, et buttez-les avec de la
terre fumée. S'il ne survient pas de pluie, arrosez pendant les
quinze premiers jours; dès qu'il commencera à pousser des
feuilles, sarclez-le, et au bout de trois ans coupez-le et don-
nez-le à votre bétail. En vert, quinze livres [1] de cytise (un
peu plus de 5 kilogrammes) suffisent pour un cheval, vingt
livres (un peu plus de 6 kilogrammes 3/4) pour les bœufs, et
pour les autres bestiaux une ration proportionnée à leur taille.

« Si vous l'employez sec, vous modérez la ration, parce qu'il

cacumina cytisorum vere disponito, et stercoratam terram circumagge-
rato. Si pluvia non incesserit, rigato quindecim proximis diebus ;
simul atque novam frondem agere cœperit, sarrito, et post triennium
deinde cædito, et pecori præbeto.

Equo abunde est viridis pondo XV, bubus pondo vicena, ceterisque
pecoribus pro portione virium.

Aridum si dabis, parcius præbeto, quoniam vires majores habet;
priusque aqua macerato, et exemptum paleis permisceto. Cytisum
quum aridum facere voles, circa mensem septembrem, ubi semen ejus
grandescere incipiet, cædito, paucisque horis, dum flaccescat, in sole
habeto ; deinde in umbra exsiccato, et ita condito.

[1] La livre romaine a été évaluée à 341 grammes.

est alors plus substantiel ; au reste, vous le ferez d'abord tremper dans l'eau, puis vous le mêlerez avec de la paille. Lorsque
vous voudrez faire sécher du cytise, coupez-le vers le mois de
septembre, au moment où la graine commence à grossir, et
exposez-le au soleil pendant quelques heures jusqu'à ce qu'il soit
fané ; achevez ensuite sa dessiccation à l'ombre, et serrez-le. »

Virgile a également cité à plusieurs reprises comme plante
fourragère le cytise. Ainsi, dans sa première églogue (*vers 78
et 76*), il fait dire à Mélibée :

« Je ne vous conduirai plus, ô mes chèvres, brouter le cytise en fleur et le saule amer [1]. »

Dans la deuxième églogue (*vers 64*), il dit encore :

« La chèvre folâtre recherche le cytise en fleur [2]. »

Enfin, dans son immortel chef-d'œuvre des *Géorgiques*, livre
III (*vers 394 et 395*), nous trouvons cette recommandation :

« Que celui qui veut du lait emplisse souvent lui-même les
crèches de cytise, de lotier et d'herbes salées [3]. »

Nous terminerons les données que nous fournissent les auteurs latins sur le cytise, par la citation du passage que lui a
consacré Pline, dans son grand ouvrage d'histoire naturelle [4].

[1] ..... non me pascente, capellæ,
Florentem *cytisum*, et salices carpetis amaras.

[2] Florentem *cytisum* sequitur lasciva capella.

[3] At cui lactis amor, *cytisum*, lotosque frequentes
Ipse manu, salsasque ferat præsepibus herbas.

[4] *Cytisus*, lib. XIII, ch. XLVII.
Frutex est et cytisus, ab Aristomacho Atheniensi miris laudibus præ-
dicatus pabulo ovium, aridus vero etiam suum : spondeique jugero ejus
annua H — S vel medibori solo reditus. Utilitas quæ ervo, sed ocior sa-

« Parmi les arbustes figure aussi le cytise, que l'Athénien
Aristomaque loue comme excellent fourrage pour les brebis ;
sec, il est excellent aussi pour les porcs. Un jugère de cytise,
dit-il, même dans un terrain médiocre, rapporte mille sesterces
(environ 440 francs par hectare). Aussi avantageux que l'ers, il
rassasie plus vite ; en très-peu de temps il engraisse les animaux au point d'amener les bêtes de travail à dédaigner l'orge.
Nul autre fourrage ne donne du lait en plus grande abondance
et de meilleure qualité ; son usage est un excellent remède
contre toutes les maladies de bestiaux. Aristomaque recommande
même aux nourrices qui n'ont pas de lait de boire, en mélange
avec du vin, une décoction de cytise sec. Les enfants, dit-il,
en deviennent plus forts et plus grands. Il recommande pour
les volailles la plante en vert, ou trempée dans l'eau, si elle
est sèche. Démocrite et Aristomaque affirment que les abeilles
ne manqueront jamais là où elles trouveront à butiner sur le
cytise. Rien de moins dispendieux que la culture de cette
plante ; on la met en terre en même temps que l'orge ; semée
au printemps comme le poireau, ou plantée en automne,
avant les brumes, lorsqu'elle est montée en tige. Si l'on procède par semis, il faut faire tremper la graine, et s'il ne pleut

lietas, perquam modico pinguescente quadrupedes, ita ut jumenta hordeum spernant. Nec ex alio pabulo lactis major copia aut melior, super
omnia pecudum medicina a morbis omni usu præstante. Quin et nutri-
cibus in defectu lactis aridum atque in aqua decoctum, potui cum vino
dari jubet : firmiores celsioresque infantes fore. Viridem etiam gallinis,
aut, si aruerit, madefactum. Apes quoque nunquam defore cytisi pabulo
contingente, promittunt Democritus et Aristomachus. Nec aliud minoris
impendii est : seritur cum hordeo ; aut vere semine, ut porrum ; vel caule
autumno, ante brumam. Si semine, madidum ; et si desint imbres, satum

pas, il faut arroser. Les plantes, parvenues à une coudée de hauteur, sont mises en terre dans des fosses d'un pied de profondeur (environ 30 centimètres). La transplantation se fait vers l'équinoxe, lorsque ses pousses sont encore tendres. Il atteint tout son développement en trois ans. On le coupe à l'équinoxe du printemps, à la fin de la floraison ; un enfant ou une vieille femme suffit à ce facile travail. Le cytise a une couleur blanchâtre, et pour exprimer en peu de mots à quoi il ressemble, on peut le comparer au trèfle à feuille étroite. On n'en donne au bétail que tous les deux jours ; en hiver, lorsqu'il est sec, on le trempe dans l'eau. Dix livres (3 kilog. et demi) rassasient un cheval ; les autres animaux sont rationnés dans la proportion de leur taille. Entre les rangs de cytise on peut semer avec avantage de l'ail et de l'oignon.

« Trouvé dans l'île de Cythnos, cet arbuste en a été transporté dans toutes le Cyclades, puis dans les cités grecques, où il a augmenté la production du fromage. Aussi je suis surpris de ne pas le voir plus commun en Italie. Il ne craint ni la chaleur, ni le froid, ni la grêle, ni la neige. Hyginus ajoute

spargitur. Plantæ cubitales seruntur scrobe pedali. Seritur per æquinoctia tenero frutice : perficitur triennio : demetitur verno æquinoctio, quum florere desinit, vel pueri vel anus vilissima opera. Canus aspectu : breviterque si quis exprimere similitudinem velit, angustioris trifolii frutex. Datur animalibus post biduum semper : hieme vero quod inaruit, madidum. Satiant equos denæ libræ, et ad portionem minora animalia : obiterque inter ordines allium et cæpe seri facile est. Inventus hic frutex in Cythno insula, inde translatus est in omnes Cycladas, mox in urbes Græcas, magno casei proventu : propter quod maxime miror rarum esse in Italia. Non æstuum, non frigorum, non grandinum aut nivis injuriam expavescit. Adjicit Hyginus, ne hostium quidem, propter nullam gratiam ligni.

qu'il ne craint même pas d'ennemis, parce que son bois n'est bon à rien. »

L'ensemble des citations qui précèdent ne permet guère de voir dans le cytise fourrage autre chose qu'un arbuste qui rendait aux cultivateurs de l'ancienne Italie des services qui pourraient être comparés à ceux que rend encore de nos jours l'ajonc (ou genêt épineux) aux cultivateurs de plusieurs de nos départements de l'ouest.

Le *lupin* ne parait pas avoir été aussi généralement employé comme fourrage, et nous n'avons trouvé d'indication formelle de cet emploi que dans l'ouvrage de Cassius Dyonisius d'Utique.

Après avoir parlé de l'amertume de cette plante qui en éloigne les animaux, il ajoute :

« Cette amertume s'adoucit lorsqu'on le met à tremper pendant trois jours dans de l'eau de mer ou dans de l'eau de rivière ; lorsqu'il commence à s'adoucir, on le sèche, et on le présente aux animaux mélangé de paille, au lieu d'autre fourrage [1]. »

[1] ... Dulce fit aqua marina et fluviali ad triduum maceratum ; ubi vero cœperit dulcescere, siccatur et deponitur, pecoribusqne cum paleis pabuli loco exhibetur. (Cassii Dyonisii Uticensis, cap. xxxvii.)

CHAPITRE III.

MATIÈRES DIVERSES DESTINÉES A L'ALIMENTATION DU BÉTAIL. — FEUILLES DIVERSES. — GRAINES DE LUPIN, ERS, GESSE.

Les feuilles de différents arbres fournissaient encore aux cultivateurs de l'ancienne Italie un contingent de fourrage assez considérable.

On pourra facilement juger, par les citations que nous avons empruntées à Caton, à Varron, à Columelle et à Virgile, de l'importance qu'ils attachaient, et non sans raison, à l'usage de cet excellent fourrage.

Caton disait, dans ses Fragments concis d'économie rurale, chapitre XXXI :

« Donnez à vos bœufs de la feuille de peuplier, d'aulne, de chêne et de figuier, tant que vous en aurez. Nourrissez vos brebis de feuillage vert, tant qu'il y en aura. Envoyez votre troupeau là où vous devrez faire vos ensemencements, et donnez-lui des feuilles jusqu'à la maturité des fourrages. Conservez en hiver, le plus longtemps possible, le fourrage sec que vous aurez emmagasiné, en réfléchissant que l'hiver durera longtemps [1]. »

Varron disait, en parlant des brebis tarentines [2] :

---

[1] Bubus frondem populeam, ulneam, querneam, ficulneamque, usquedum habebis, dato. Ovibus frondem viridem, usquedum habebis, præbeto. Ubi sementim facturus eris, ibi oves delegato, et frondem usque ad pabula matura dato. Pabulum aridum, quod condideris, in hyeme quam maxime conservato, cogitatoque hyems quam longa fiet.

[2] Folia ficulnea, et palea, et vinacea, furfures, objiciuntur, ne parum,

« On leur donne avec modération des feuilles de figuier, de
la paille, du marc de raisin, du son, de telle sorte que la ration qu'on leur sert ne soit ni trop faible ni trop forte ; car
l'excès dans un sens ou dans l'autre constitue un mauvais régime alimentaire. Mais ce qui leur convient par-dessus tout,
c'est le cytise et la luzerne, qui les engraissent très-facilement
et leur donnent du lait. »

Il dit, un peu plus loin, à propos de l'*orme* [1] :

« On ne saurait planter, dans une propriété, aucun arbre
qui lui soit préférable ; il est, en effet, très-productif, il sou-
tient les clôtures, protége quelques ceps de vignes, fournit
un *feuillage extrêmement agréable* aux brebis et aux bœufs, et
produit du bois pour les clôtures, pour le four et pour le
foyer. »

Columelle revient souvent sur cet emploi des feuilles d'arbres pour l'alimentation du bétail, et entre à ce sujet dans des
détails qui montrent suffisamment l'importance qu'on y attachait de son temps.

« Pour donner plus de lait aux chèvres, dit-il, on doit leur
donner de la graine d'orme, ou du cytise, ou du lierre, ou même
des sommités de rameaux de lentisques et d'autres feuillages
tendres [2]. »

vel nimium saturentur ; utrumque enim ad corpus alendum inimicum. At
maxime amicum cytisum, et medicam ; nam et pingues facit facillime,
et gignit lac. (Lib. II, cap. II.)

[1] Et ubi est campus, nulla potior arbor seritur, quod maxime fructuosa,
quod et sustineat sepem, ac colit aliquot corbulos uvarum, et *frondem
jucundissimam* ministrat ovibus ac bubus, ac virgos præbet sepibus, et
foco, ac furno. (Lib. II, cap. XV.)

[2] Lib. VII, cap. VI, de *Caprino pecore*, passim. — Super lactis abundantiam

Aillenrs, il s'exprime ainsi :

« Dès le commencement de juin, si l'herbe verte vient à manquer, nous aurons, jusqu'à la fin de l'automne, les ressources de notre récolte de feuilles [1]. »

Un peu plus loin, en parlant des travaux à faire au commencement d'août, il ajoute :

« Il ne faudra pas oublier, à cette époque et pendant le mois d'août, de *cueillir des feuilles* le matin et le soir pour le bétail [2]. »

Enfin Columelle, en décrivant les diverses espèces d'arbres qu'il convient de cultiver dans une métairie, et en insistant sur les avantages particuliers à chacun d'eux, revient encore sur l'emploi qu'on peut faire de leurs feuilles pour l'alimentation des animaux.

« L'orme d'Atinie, dit-il, est beaucoup plus vigoureux et plus élevé que notre orme indigène, et produit aussi un feuillage plus agréable aux bœufs ; un troupeau qui en a été constamment nourri manifeste une sorte de répugnance lorsqu'on lui donne des feuilles de l'autre espèce (espèce commune).

« Aussi, quand cela sera possible, on fera bien de ne planter, sur un domaine, que la seule variété d'orme d'Atinie ; ou au moins on devra tâcher de mettre alternativement en nombre égal, dans la disposition des lignes, les ormes indigènes

samera, vel cytisus, aut hedera præbenda, vel etiam cacumina lentisci, aliæque tenues frondes objiciendæ sunt.

[1] A kalendis junii, si jam defecit viridis herba, usque ad ultimum autumnum frondem cæsam præbebimus. (Lib. XI.)

[2] Meminisse oportebit, ut per hos et augusti mensis dies antelucanis et vespertinis temporibus frondem pecudibus cædamus. (Lib. XI.)

et les ormes exotiques; il en résultera qu'on aura toujours les feuilles mélangées, et les animaux, alléchés par cette sorte d'assaisonnement, consommeront une plus forte ration [1]. »

Il ajoute, un peu plus loin :

« ..... Le frêne, qui est très-agréable aux chèvres et aux moutons, et n'est pas dédaigné par les bœufs, vient fort bien dans des lieux escarpés et montueux, où l'orme réussit moins bien ; mais la plupart des cultivateurs préfèrent l'orme, parce qu'il supporte parfaitement la vigne, procure aux bœufs un excellent fourrage, et prospère dans des terrains très-divers [2]. »

Enfin Virgile, qui unissait au génie d'un grand poëte l'instruction agronomique des meilleurs agriculteurs de son temps, a plusieurs fois parlé, dans ses vers immortels, de cette récolte des feuilles. Ainsi, dans sa première églogue, il dit (56ᵉ vers) :

> Hinc alta sub rupe canet frondator ad auras.

« Là, du haut d'un roc élevé, le *frondator* fera retentir l'air de ses chants. »

[1] Est autem ulmus Atinia longe lætior et procerior quam nostra, frondemque jucundiorem bubus præbet ; qua cum assidue pecus paveris, et postea generis alterius frondem dare institueris, fastidium bubus affert. Itaque, si fieri poterit, agrum genere uno Atiniæ ulmi conseremus ; sin minus, dabimus operam ut in ordinibus disponendis pari numero vernaculas et Atinias alternemus ; ita semper mixta fronde utemur, et quasi hoc condimento illectæ pecudes fortius juste cibariorum conficient. (Lib. V, cap. vi.)

[2] ..... Fraxinus, quæ capris et ovibus gratissima est, nec inutilis bubus, locis asperis, montosis, quibus minus lætatur ulmus, recte seritur. Ulmus, quod et vitem commodissime patitur, et jucundissimum pabulum bubus offert, variisque generibus soli provenit, a plerisque præfertur. (Lib. V, cap. vi.)

Et dans sa neuvième églogue (60° et 61° vers) :

> .... Ubi densas
> Agricolæ stringunt frondes.......

« Pendant que les cultivateurs récoltent les feuilles abondantes,..... »

On avait même consacré un nom spécial pour désigner les ouvriers chargés de cette récolte ; c'étaient des *frondatores*.

La récolte des feuilles, qui offrait aux agriculteurs romains tant de ressources fourragères, n'a pas cessé, dans l'Italie moderne, d'être l'objet de soins tous particuliers et la source de grands avantages. Quoique sur divers points on cultive avec quelque succès les prairies artificielles, dans lesquelles figurent même des plantes qui paraissent avoir été inconnues de Columelle, on se trouve encore bien, et l'on est en quelque sorte obligé, principalement dans l'Italie centrale et dans le royaume de Naples, de recourir aux feuilles des arbres, recueillies dans les premiers jours de l'automne et conservées pour l'hiver.

Les bœufs du Pérugin, qui alimentent Rome de tant et de si bonne viande, ne sont engraissés, pendant la saison rigoureuse, qu'avec des raves et des feuilles desséchées.

La récolte de ces feuilles a toujours été un des principaux motifs du mariage des vignes aux grands arbres. L'orme, l'érable et les meilleures variétés de frêne, procurent un bon et abondant feuillage, en même temps qu'ils sont pour la vigne un excellent support. A ces avantages ils joignent celui de ne pas nuire, vu la hauteur à laquelle on les élague, à la prospérité de certaines cultures très-productives.

C'est à la fin de septembre et au commencement d'octobre,

comme au temps de Columelle, qu'on procède à la récolte des feuilles. C'est l'époque de leur maturité, c'est le temps où elles conservent encore toute leur saveur et toutes leurs facultés nutritives ; c'est le moment où l'on peut les détacher des arbres sans porter à ceux-ci un notable préjudice ; c'est la saison où le soleil répand encore assez de chaleur pour en opérer assez rapidement une dessiccation suffisante. La conservation s'en fait le plus souvent dans des tonneaux où on les couvre après les avoir pressées. Quelques cultivateurs les empilent dans des fosses, espèces de silos comme ceux dans lesquels on conserve ailleurs les betteraves ou les pommes de terre ; d'autres foulent dans ces fosses, par couches alternatives, des feuilles et du marc de raisin, puis recouvrent le tout pour préserver le mélange de l'action de l'air et d'une fermentation de mauvaise nature. Bien conservées, ces feuilles donnent une excellente et peu coûteuse provision d'un bon fourrage sec ; elles sont recherchées par les bestiaux ; elles les nourrissent bien et les engraissent rapidement.

En terminant par l'*ers* et par le *lupin* cette revue des matières destinées, chez les anciens, à l'alimentation du bétail, nous nous réservons de revenir encore sur divers points de cette question, lorsque nous chercherons à donner une idée du régime auquel étaient soumises les bêtes de travail et les bêtes de rente, à cette époque si éloignée de nous.

Pline disait, à propos du lupin [1] :

«Le lupin est d'un fréquent usage, parce qu'il sert tout aussi

[1] Lupini est usus proximus quum sit homini et quadrapedum generi ungulos habenti communis... Bovem unum modii singuli satiant, validum-

bien à l'homme qu'au bétail... Un modius (un décalitre) de lupin suffit pour rassasier un bœuf et lui donner de la vigueur...
S'il a été mangé en herbe, on devra immédiatement labourer le
champ qui l'a produit. »

Cassius Dyonisius d'Utique disait, à propos de l'*ers* (lentille
ervillière) :

« Donnez tous les mois à vos bœufs, pour les fortifier, de
l'ers moulu délayé dans leur boisson [1]. »

Pline, en parlant de cette même plante, donne de plus longs
détails sur sa culture et sur son mode d'emploi.

« L'ers, dit-il, veut une terre maigre et sèche [2] ; car il pourrit le plus souvent, lorsqu'il végète trop vigoureusement.
On peut le semer en automne, ou après le solstice d'hiver, à
la fin de janvier, ou pendant tout février, pourvu que ce
soit avant les premiers jours de mars. Les agriculteurs pré-
tendent que ce dernier mois ne convient pas à l'ers, parce
que celui qui a été semé à cette époque est nuisible aux troupeaux, et surtout aux bœufs, qui deviennent rétifs lorsqu'ils en
mangent : il en faut cinq modius pour ensemencer un jugère (environ 100 litres par hectare).

que præstant...... Si depastum sit in fronde, inarari protinus solum opus
est. (Lib. **XVIII**, cap. **xxxvi**, *passim*.)

[1] Ervum maceratum, tritum, singulis mensibus in potu exhibe, ut boves
non fiant debiles. (Lib. **XVII**, cap. **iv**.)

[2] Ervum autem lætatur loco macro, nec humido, quia luxuria plerumque corrumpitur. Potest et autumno seri, nec minus post brumam, januarii parte novissima, vel toto februario, dum ante kalendas martias :
quem mensem universum negant agricolæ huic legumini convenire,
quod eo tempore pecori sit noxium, et præcipue bubus, quos pabulo suo
cerebrosos reddat. Quinque modiis jugerum obseritur.

« Dans l'Espagne Bétique, on donne aux bœufs, au lieu d'ers, de la *gesse* moulue. Quand elle a été concassée par la meule peu serrée, on la fait un peu macérer dans de l'eau jusqu'à ce qu'elle s'y soit amollie, et dans cet état on la distribue aux animaux, mélée avec de la paille broyée. Douze livres[1] d'ers (un peu plus de 4 kilogr.) suffisent pour une paire de bœufs, mais il faut seize livres de gesse (environ 5 kilogr. et demi). Cette dernière peut servir à l'homme, et n'est pas désagréable au goût ; sa saveur ne diffère en rien de celle de la *cicerole;* la couleur seule fait la différence ; car la gesse est plus foncée, tirant plus sur le noir. On la sème au mois de mars, après un premier ou un second labour, selon le plus ou moins de fertilité du sol. Il faut, par jugère, quatre modius de semence (160 litres par hectare), quelquefois trois (120 litres), ou même seulement deux et demi (100 litres), suivant les circonstances. »

Si l'on compare à l'état actuel de nos connaissances, en ce qui concerne les matières propres à l'alimentation du bétail, les documents qui nous permettent d'apprécier ce qu'on savait et ce qu'on pratiquait il y a près de vingt siècles, on restera con-

---

Cicera bubus ervi loco fresa datur in Hispania Bœtica : quæ quum suspensa mola divisa est, paulum aqua maceratur, dum lentescat, atque ita mixta paleis subtritis pecori præbetur ; sed ervi duodecim libræ satisfaciunt uni jugo, ciceræ sexdecim. Eadem hominibus non inutilis, neque injucunda est ; sapore certe nihilo differt a cicercula, colore tantum discernitur ; nam est obsoletior, et nigro propior. Seritur primo vel altero sulco, mense martio, ita ut postulat soli lætitia, quod eadem quatuor modiis, nonnumquam et tribus, interdum etiam duobus ac semodio jugerum occupat. (Lib. II, cap. xi.)

[1] La livre romaine valait 341 grammes.

vaincu, comme nous, qu'à l'exception du trèfle et du sainfoin, le répertoire alimentaire de notre agriculture moderne n'est
pas beaucoup plus riche que celui de Columelle, puisque l'u-
sage de certaines plantes, racines (navets, raves), était alors
déjà connu.

N'en soyons ni surpris ni découragés ; alors, comme aujour-
d'hui, les animaux indiquaient eux-mêmes à l'homme, par leurs
préférences réitérées, ce qui leur convenait le mieux, ce qui
leur était le plus profitable, et l'observation attentive de la nature a toujours été, en agriculture, l'origine et le point de départ du progrès.

DEUXIÈME PARTIE.

Logement et hygiène générale du bétail.

Nous avons été conduit, dans la première partie de ces études, à reconnaître que les agronomes anciens dont les ouvrages nous ont été transmis pourraient encore faire honnête figure, sur bien des points, au milieu des agronomes les plus distingués de notre époque, par les écrits qu'ils nous ont laissés sur les prés naturels, sur les prairies artificielles et sur les plantes fourragères diverses ou parties de plantes susceptibles d'être employées pour l'alimentation des animaux.

Nous allons essayer maintenant, par la *citation textuelle* de quelques fragments des conseils qu'ils nous ont laissés relativement au logement et à l'hygiène du bétail, de donner une idée de l'état de leurs connaissances sur cette branche si importante de toute bonne agriculture.

En parlant de la disposition des bâtiments divers destinés à une exploitation agricole, Columelle s'exprime ainsi [1] :

« On disposera pour les bestiaux des étables qui n'aient à redouter ni le froid ni la trop grande chaleur…. Ayez pour les bêtes de travail de doubles étables, les unes pour l'hiver, les autres pour l'été ; quant aux autres bestiaux qu'on doit entre-

---

[1] Pecudibus fient stabula, quæ neque frigore, neque calore infestentur…. Domitis armentis duplicia bubilia sint, hiberna atque æstiva ; ceteris autem pecoribus, quæ intra villam esse convenit, ex parte tecta loca, ex

tenir dans la ferme, disposez pour eux des retraites couvertes, et d'autres en plein air, entourées de hautes murailles, de manière qu'ils puissent, en hiver dans les premières, en été dans les dernières, se reposer à l'abri des attaques des bêtes féroces.

« Toutes ces étables seront disposées de manière qu'il n'y puisse arriver aucune humidité du dehors, et de manière à faciliter le prompt écoulement de celle qui pourrait s'y produire. On évitera ainsi la détérioration des murs, et celle de la corne des pieds des animaux.

« Les bouveries devront avoir dix pieds (environ 3ᵐ) de largeur, ou au moins neuf pieds (environ 2ᵐ,7); ces dimensions sont nécessaires pour que les animaux puissent se coucher, et pour que le bouvier puisse aisément circuler autour d'eux. Les crèches ne devront pas être trop élevées, afin de permettre au bœuf et à la bête de somme d'y prendre facilement leur nourriture lorsque ces animaux sont debout.........

« Les chambres destinées aux bouviers et aux bergers devront être situées auprès des animaux confiés à leurs soins, afin qu'il leur soit plus facile de les soigner en temps convenable. »

parte sub dio, parietibus altis circumsepta, ut illic per hiemem, hic per æstatem sine violentia ferarum conquiescant. Sed omnia stabula sic ordinentur, ne quis humor influere possit, et ut quisque, qui ibi conceptus fuerit, quàm celerrime dilabatur, ut nec fundamenta parietum corrumpantur, nec ungulæ pecudum.

Lata bubilia esse oportebit pedes decem, vel minime novem : quæ mensura et ad procumbendum pecori, et jugario ad circumeundum laxa ministeria præbeat. Non altius edita esse præsepia convenit, quàm ut bos aut jumentum sine incommodo stans vesci possit.........

Bubulcis pastoribusque cellæ ponantur juxta sua pecora, ut ad eorum sit opportunus excursus (*Colum.*, lib. I, cap. VI).

Plus loin, dans le livre consacré plus spécialement à l'économie du bétail, Columelle ajoute encore, à propos de la construction des étables, les recommandations suivantes [1] :

« Les meilleures étables sont celles dont le sol est pavé ou recouvert de gravier; le sable peut être employé aussi sans inconvénient au même usage : dans le premier cas, les eaux sont rejetées; dans le second, elles sont promptement absorbées. Mais on doit, dans tous les cas, donner assez de pente pour que l'humidité s'en écoule, et les orienter vers le midi, pour qu'elles sèchent aisément et n'aient pas à souffrir des vents froids. »

Palladius, qui paraît avoir profité souvent des conseils et de l'expérience de son devancier, s'exprime ainsi dans le chapitre qu'il consacre aux étables et aux écuries [2] :

« Les écuries et les étables devront être tournées vers le midi; elles auront néanmoins au nord des fenêtres, qu'on fermera en hiver pour qu'elles n'incommodent pas les animaux, et qu'on laissera ouvertes en été pour donner de la fraîcheur. Les écuries et les étables seront au-dessus du niveau du sol, pour être à l'abri de l'humidité. »

Lorsqu'il s'agissait de certaines races plus délicates que les

[1] Stabula sunt optima quæ saxo aut glarea strata ; non incommoda tamen etiam sabulosa; illa, quod imbres respuant; hæc, quod celeriter sorbeant, transmittantque; sed utraque devexa sint, ut humorem effundant, spectentque ad meridiem, ut facile siccentur, et frigidis ventis non sint obnoxia (lib. VI, cap. XXIII).

[2] Stabula equorum et boum meridianas quidem plagas respiciant, non tamen egeant septentrionis luminibus, quæ per hiemem clausa nihil noceant, per æstatem patefacta refrigerent. Ipsa stabula ab omni humore suspensa sint (lib. I, cap. XXI).

races communes, les anciens leur donnaient des soins particuliers dont Columelle nous cite un exemple, en parlant des troupeaux de race tarentine, dont la laine avait une valeur supérieure, à raison de sa beauté [1]

« On doit, dit-il, balayer fréquemment leurs bergeries, en
enlever le fumier et toutes les urines, qui pourraient y entretenir de l'humidité. Pour les tenir sèches, on trouve beaucoup
d'avantage dans l'emploi de planchers à claires-voies sur
lesquels le troupeau puisse se coucher. »

Nous ne suivrons pas les agronomes latins dans tous les nombreux détails qu'ils nous donnent sur les soins ordinaires à
donner au régime alimentaire du bétail; il faudrait faire de
trop longues citations. Nous préférons montrer, à l'aide de
quelques fragments de peu d'étendue, jusqu'où pouvaient aller
leurs préoccupations pour placer dans de bonnes conditions
hygiéniques les animaux qu'ils entretenaient sur leurs métairies.

Ecoutons d'abord les recommandations de Varron [2] :

« En été, on conduit au pâturage le troupeau dès le point du
jour, alors que l'herbe, couverte de rosée, est plus savoureuse
qu'au milieu du jour, où elle est desséchée. Lorsque le soleil
est levé, on conduit les animaux à l'abreuvoir, afin de les exciter encore à paître. Vers le midi, pendant les grandes cha-

[1] ... Stabula frequenter everrenda et purganda, humorque omnis
urinæ diverrendus est, qui commodissime siccatur perforatis tabulis, quibus ovilia consternuntur ut grex supercubet (lib. VII, cap. IV).

[2] ... Æstate quod tum prima luce exeunt in pastum, propterea quod tunc
herba rosida, meridianam, quæ est aridior, jucunditate præstat. Sole
exorto, puteo propellunt, ut redintegrantes rursus ad pastum alacriores
faciant. Circiter meridianos æstus, dum defervescunt, sub umbriferas ru-
pes, et arbores patulas subjiciunt, quoad refrigerato aere vespertino, rur-

leurs, on les conduit à l'ombre, sous des rochers ou sous des arbres touffus; puis, lorsque, vers le soir, l'air se rafraîchit, on les remet en pâture jusqu'au coucher du soleil......... Peu de temps après le coucher du soleil, on les fait boire et paître de nouveau jusqu'à nuit close, parce que l'herbe reprend alors toute sa saveur......... On gouverne ainsi les troupeaux depuis l'époque du lever des Pléiades jusqu'à l'équinoxe d'automne. Le pâturage d'hiver et celui du printemps présentent cette diffé-rence qu'on attend, pour conduire les animaux aux champs, que la gelée blanche soit dissipée ; on les fait pâturer toute la journée, et ils ne boivent qu'une fois, vers midi...... »

Nous retrouvons également, dans Columelle, cette recomman-dation de ne pas conduire les animaux dans les champs sans précaution, pendant le temps des gelées.

«..... Pendant l'hiver, dit-il, et au printemps [1], on retient toute la matinée le troupeau dans la bergerie, jusqu'à ce que la chaleur du jour ait fait disparaître des champs la gelée blanche ; car l'herbe qui en est couverte à cette époque occa-sionne des rhumes et relâche le ventre des animaux. »

On pratiquait également déjà, pour certaines races privilé-

sus pascunt ad solis occasum..... Ab occasu parvo intervallo interposito ad bibendum appellunt, et rursus pascunt quoad contenebravit; iterum enim tum jucunditas in herba redintegravit..... Hæc ab Vergiliarum exortu ad æquinoctium autumnale maxime observant. Reliquæ pastiones hiberno ac verno tempore hoc mutant, quod pruina jam exhalata pro-pellunt in pabulum, et pascunt diem totam, ac meridiano tempore semel agere polum satis habent..... (lib. II, cap. II).

[1] Hieme,... et vere, matutinis temporibus intra septa contineantur, dum dies arvis gelidicia detrahat ; nam pruinosa iis diebus herba pecudi gravedinem creat, ventremque proluit (lib. VII, cap. VII, passim).

de la ferme, et on fera sortir les agneaux de leur enclos, afin qu'ils apprennent à paître dehors. »

Nous retrouvons souvent aussi, dans les agronomes latins, la recommandation de bien alimenter les vaches et les brebis pendant l'allaitement. Nous nous bornerons à une seule citation, empruntée à Palladius. Il dit, en parlant des travaux du mois d'*avril* [1] : « C'est dans ce mois que naissent communément les veaux ; n'épargnez pas le fourrage aux mères, afin qu'elles puissent suffire à la tâche qu'on leur impose, et bien allaiter leurs élèves. On donnera aux veaux du millet grillé et moulu délayé dans du lait. »

Si, dans ces derniers temps, on s'est ému avec raison des fâcheuses conséquences des mauvais traitements infligés aux animaux ; si notre siècle peut revendiquer l'honneur d'avoir pris ces derniers sous sa protection légale, pour les soustraire à la brutalité de leurs conducteurs, lorsque cette brutalité dépasse certaines limites, il est juste aussi de reconnaître que les anciens recommandaient la douceur envers les animaux, et qu'on trouve, dans leurs écrits, d'excellents conseils pour le dressage. « Le bouvier, disait Columelle [2], pour se faire craindre de ses bœufs, doit se servir de la voix plutôt que de son fouet,

[1] Hoc mense vituli nasci solent, quorum matres abundantia pabuli juventur, ut sufficere possint tributo laboris et lactis ; ipsis autem vitulis tostum molitumque milium cum lacte misceatur.

[2] Voce potius quam verberibus boves terreat bubulcus, ultimaque sint opus recusantibus remedia, plagæ ; nunquam stimulo lacessat juvencum, quod retractantem, calcitrosumque eum reddit ; nunnunquam tamen admoneat flagello. Sed nec in media parte versuræ consistat, detque requiem in summa, ut spe cessandi totum spatium bos agilius enitatur (lib. II, cap. II).

et les coups ne seront employés que comme un remède extrême envers les plus récalcitrants. Il ne devra jamais se servir de l'aiguillon pour exciter les jeunes bœufs, il les rendrait revêches et rétifs; cependant il peut les avertir de temps à autre avec le fouet. Il ne les arrêtera jamais au milieu d'un sillon, et ne les laissera reposer qu'au bout du champ; les bœufs, avec cette perspective d'arrêt, s'efforceront de franchir l'espace entier avec plus d'agilité. »

Il serait facile de multiplier beaucoup plus les citations, mais celles qui précèdent, choisies presque au hasard, m'ont paru suffisantes pour donner une idée des soins qu'on apportait à l'hygiène générale du bétail, il y a près de vingt siècles, dans les exploitations romaines bien tenues.

TROISIÈME PARTIE.

Alimentation et entretien du bétail.

Parmi les préceptes que nous ont legués dans leurs écrits les agronomes de l'antiquité, il en est un, formulé par Columelle, qui devrait être inscrit dans tous les livres de lecture destinés à nos écoles rurales.

« *Tous vos animaux*, dit l'illustre agronome, *doivent recevoir une abondante nourriture; car un troupeau, même peu nombreux, quand il est bien nourri, donne plus de profit à son propriétaire, qu'un troupeau bien plus considérable qui souffrirait de la disette* [1]. »

Dans cette troisième partie, comme dans les précédentes, pour rester fidèle au titre modeste de ces Etudes, nous bornerons nos citations des auteurs latins aux fragments qui paraissent les plus propres à donner une idée de la manière dont le bétail était nourri et entretenu chez les Latins il y a dix-huit à vingt siècles.

Dans son langage concis, Caton indique en ces termes la provision de fourrage nécessaire pour nourrir toute une année chaque attelage des bœufs de son temps et de son pays [2].

« Il faut, pour l'entretien annuel de chaque paire de bœufs,

----

[1] Omni autem pecudi larga præbenda sunt alimenta ; nam vel exiguus numerus, quum pabula satiatur, plus domino reddit, quam maximus grex, si senserit penuriam.   (Columelle, lib. VII, cap. III.)

[2] Bubus cibaria annua in juga singula lupini modios CXX, ac glandis modios CCXL, fœni pondo MDLXXI, ocymi tantumdem; fabæ modios XXX.

cent vingt modius (12 hectolitres) de graine de lupin, deux cent quarante modius (24 hectolitres) de gland, mille cinq cent soixante et onze livres (556 kilogrammes) de foin, autant de dragée), trente modius (3 hectolitres) de féveroles.

« Veillez en outre avec soin à semer une suffisante quantité de vesce. Quand vous sèmerez des fourrages, semez-en à plusieurs reprises[1]. »

Pendant la lecture des auteurs latins, nous n'avons trouvé aucun passage qui nous autorise à penser qu'ils fissent usage, pour l'alimentation du bétail, des tourteaux de graines oléagineuses comme ceux qu'on emploie de nos jours; mais s'ils n'employaient pas le tourteau comme nous, ils faisaient assez souvent usage de la lie d'huile, comme l'atteste le passage suivant de Caton[2] :

« Pour donner aux bœufs de la vigueur, pour les bien soigner, pour rendre plus appétissant le fourrage qu'ils rebutent, aspergez de lie d'huile celui que vous leur donnerez; vous en mettrez peu d'abord, jusqu'à ce qu'ils y soient habitués, puis vous augmenterez ensuite la dose. Vous leur en ferez boire de temps en temps, mélangée d'eau par moitié, à quatre ou cinq jours d'intervalle. Si vous suivez cette pratique, vos bœufs seront en meilleur état, et vous éviterez des maladies[3]. »

[1] Præterea generatim videto ubi satis viclæ seras. Pabulum cum seres, multas sationes facito (cap. LXI).

[2] Boves uti valeant, etcurati bene fient, et qui fastidient cibum, uti magis cupide appetant pabulum, quod dabis, amurca spargito, primo paululum, dum consuescant, postea magis; et dato rarenter bibere, commistam cum æquabiliter quarto, quintoque die. Hoc si feceris, ita boves et corpore curatiores erunt, et morbus aberit (cap. LXXIII).

C'est dans Columelle que nous trouvons les indications les plus circonstanciées sur l'alimentation du bétail, et du bœuf en particulier, aux différentes époques de l'année. Voici comment il s'exprime dans le chapitre consacré à l'alimentation des bœufs [1].

« Il y a plusieurs manières de bien nourrir les bœufs. Si la fertilité de la contrée lui permet de produire du fourrage vert, personne ne doute que ce genre de nourriture ne soit préférable à toute autre ; mais c'est ce qui n'arrive que dans les terres arrosées ou naturellement fraîches. Aussi ces lieux sont-ils fort avantageux, puisqu'un seul homme suffit pour deux attelages, qui, dans le même jour, labourent et paissent alternativement. Dans les terrains secs, on nourrit les bœufs à la crèche, et on subordonne leur alimentation aux fourrages que produit le pays ; et personne ne doute que les meilleurs se composent de vesce en bottes, de cicérole, et de foin de pré. Il y a moins d'avantage à entretenir des bestiaux avec de la paille, qu'on peut se procurer partout, et qui est même la seule ressource de certains cantons : la plus estimée toute-

<hr>

De boum cibariis.

Boves recte pascendi non una ratio est : nam si ubertas regioni viride pabulum subministrat, nemo dubitat quin id genus cibi cæteris præponendum sit ; quod tamen nisi riguis aut roscidis locis non contigit ; itaque in iis ipsis vel maximum commodum est, quod sufficit una opera duobus jugis, quæ eodem die alterna temporum vice vel arant, vel pascuntur. Siccioribus agris ad præsepia boves alendi sunt, quibus pro conditione regionum cibi præbentur : eosque nemo dubitat quin optimi sint vicia in fascem ligata, et cicercula, itemque pratense fœnum. Minus commode tuemur armentum paleis, quæ ubique, et quibusdam regionibus solæ, præsidio sunt : ea probantur maxime ex milio, tum ex hordeo, mox etiam ex tritico. Sed jumentis justam operam reddentibus,

fois est celle du millet, puis celle de l'orge, et ensuite celle du froment. Outre la paille, il faut donner de l'orge en grain aux animaux qui travaillent. Au surplus, on règle la nature et la quotité de la ration des bœufs d'après les divers temps de l'année. Au mois de janvier, il convient de livrer à chaque animal quatre sextarius (environ 6 litres) d'ers moulu, macéré dans l'eau et mêlé de paille, ou bien un modius (10 litres) de lupins macérés, ou un demi-modius (5 litres) de cicérole également macérée, et en outre de la paille en abondance. Si l'on manque de ces grains, on pourra mêler à la paille du marc de raisins séché après l'extraction de la piquette; il est hors de doute qu'il serait préférable de le donner avec la pellicule des raisins et avant de l'avoir lavé; car alors, plus substantiel, et conservant un peu de la force du vin, il procurerait aux bœufs un poil lisse, de la gaîté et de l'embonpoit.

« Si on ne leur donne pas de grain, il suffira de leur donner une corbeille de vingt modius (2 hectolitres) de feuilles sèches, ou trente livres (environ 10 kilogrammes) de foin, ou bien un modius (10 litres) de feuilles vertes d'yeuse et de laurier; mais à ces dernières, lorsque les ressources du pays le permettent,

hordeum præter has præbeatur. Bobus autem pro temporibus anni pabula dispensantur. Januario mense singulis fresi et aqua macerati ervi quaternos sextarios mixtos paleis dare convenit, vel lupini macerati modios, vel cicerculæ maceratæ semodios, et super hæc affatim paleas. Licet etiam, si sit leguminum inopia, et eluta et siccata vinacia, quæ de lora eximuntur, cum paleis miscere; nec dubium est quin ea longe melius cum suis folliculis antequam eluantur præberi possint: nam et cibi et vini vires habent, nitidiumque et hilare, et corpulentum pecus faciunt. Si grano abstinemus, frondis aridæ corbis pabulatoria modiorum viginti sufficit; vel fœni pondo triginta, vel si non, modius viridis laureæ et iligneæ frondis; sed his, si regionis copia permittat, glans adjicitur; quæ

on ajoute du gland, quoiqu'il engendre la gale quand on leur en donne à satiété. On peut encore, si la récolte permet de le faire, leur donner un demi-modius (5 litres) de fèves moulues. Ordinairement la même ration suffit au mois de février. En mars et en avril on doit augmenter la ration du foin, parce qu'à cette époque a lieu le labourage. Toutefois, quarante livres (13,^{kil}7) de ce fourrage suffisent pour chaque bœuf ; mais depuis les ides du mois d'avril jusqu'aux ides de juin, il sera bon de couper du fourrage vert, et on pourra même, dans les contrées fraîches, en donner jusqu'aux calendes de juillet. Depuis cette époque jusqu'aux calendes de novembre, pendant tout l'été, et ensuite dans l'automne, on nourrit les bestiaux avec des feuilles, qui pourtant ne sont vraiment bonnes que lorsqu'elles ont mûri sous l'influence des pluies ou de continuelles rosées. On estime surtout les feuilles de l'orme, puis celles du frène, et ensuite celles du peuplier ; les moins bonnes sont celles de l'yeuse, du chêne et du laurier ; mais quand l'été est passé, à défaut d'autres, elles deviennent nécessaires. On peut employer aussi les feuilles de figuier, si l'on en a en abondance, ou s'il est devenu nécessaire d'émonder ces arbres.

si ad satietatem detur, scabiem parit. Potest etiam, si proventus utilitatem facit, semodios fabæ fresæ præberi. Mense februario plerumque eadem cibaria sufficiunt. Martio et aprili debet ad fœni pondus adjici, quia terra proscinditur : sat autem erit pondo quadragena singulis dari; ab idibus tamen mensis aprilis usque in idus junias, viride pabulum recte secatur : potest etiam in kalendas julias frigidioribus locis idem præstari. A quo tempore in kalendas novembres tota æstate, et deinde autumno satiantur fronde; quæ tamen non ante est utilis, quam quum maturuerit vel imbribus, vel assiduis roribus : probaturque maxime ulmea, post fraxinea, et ab hac populnea ; ultimæ sunt ilignea, et quernea, et laurea : sed post æstatem necessariæ, deficientibus cæteris. Possunt

« La feuille de l'yeuse est préférable à celle du chêne, pourvu qu'elle provienne d'une espèce qui n'ait pas de piquants; car cette dernière, comme celle du genièvre, est rebutée par les animaux, à cause de ses aiguillons. Aux mois de novembre et de décembre, pendant les semailles, il faut fournir aux bœufs autant de nourriture qu'ils en désirent; toutefois, il suffit ordinairement de leur donner un modius (10 litres) de glands, avec de la paille à discrétion, ou bien un modius (10 litres) de lupins macérés, ou sept sextarius (11,³¹⁵) d'ers arrosé d'eau et mêlé avec de la paille, ou douze sextarius (20 litres) de cicérole. »

Nous retrouvons encore, dans d'autres parties de l'ouvrage de Columelle, et dans celui de Palladius, des citations de même nature que nous nous abstiendrons de reproduire, parce qu'elles n'ajouteraient que fort peu de chose aux renseignements précédents, qui nous ont paru suffisants pour donner une idée du régime alimentaire auquel était soumis le bœuf dans les anciennes métairies du pays latin.

etiam et folia ficulnea probe dari, si eorum copia, aut stringere arbores expediat. Ilignea tamen melior est quernea, sed ejus generis quod spinas non habet; nam id quoque, uti juniperus, respuitur a pecore propter aculeos. Novembri mense ac decembri, per sementem, quantum appetit bos, tantum præbendum est: plerumque tamen sufficiunt singulis modii glandis, et paleæ ad satietatem datæ, vel lupini macerati modii, vel ervi aqua conspersi sextarii VII permixti paleis, vel cicérculæ similiter conspersæ sextarii XII mixti paleis, vel singuli modii vinaceorum, si iis, ut supra dixi, large paleæ adjiciantur; vel si nihil horum est, per se, fœni pondo quadraginta (lib. VI, cap. III).

QUATRIÈME PARTIE.

Production et élevage.

Cassius Dionysius nous a laissé, sur le choix des vaches, les recommandations suivantes :

« On doit choisir des vaches bien étoffées [1], longues de corps, de grosseur moyenne, bien encornées, ayant le front large, les yeux noirs, les mâchoires *étroites*, les narines ouvertes, la gueule non bossue, la nuque longue et épaisse, une ample poitrine, les lèvres brunes, les flancs larges et les côtes bien faites, le dos large, le ventre grand, la queue très-longue, descendant jusqu'aux talons, bien fournie de poils, les bras forts, les jambes droites, solides, plutôt grosses que longues, et ne se froissant pas mutuellement pendant le mouvement ; que leurs pieds ne se dilatent pas trop pendant la marche ; que leurs sabots, bien faits, ne diffèrent pas sensiblement entre eux ; que la peau soit douce au toucher, au lieu d'être endurcie et comme ligneuse. Quant à la couleur, on

[1] Vaccæ eligendæ sunt bene compactæ, corporibus oblongæ, justæ magnitudinis, probe cornutæ, latæ frontis, nigris oculis, maxillis contractis, simas non gibbosas, explicatas nares habentes, cervicem longam et crassam, pectorosæ, labris nigris, profundis lateribus, ac bene costatis; lato tergo, habentes umbilicum magnum, caudam prælongam et ad calcanea pertingentem, multum pilosam, brachiis crassis, cruribus rectis, solidis, crassis magis quam longis, quæ non mutuo affrictu atteruntur, pedibus qui intereundum, non nimium dilatantur, ungulis non valde disparatis, unguibus perfectis et æqualibus, pelle ad tactum leni, et non ut

considère comme les meilleures celles dont la robe tire sur le jaune ; et on regarde comme de bonne race celles qui ont les jambes brunes. Il est donc avantageux de trouver dans une vache tous ces avantages naturels, ou du moins qu'elle possède la plupart de ces qualités. »

Nous trouvons déjà, dans ces conseils, une grande partie de ceux qu'on donnerait aujourd'hui sur le même sujet. La robe à laquelle notre auteur donne la préférence est précisément encore celle de quelques-unes de nos bonnes races françaises.

Le même auteur, en parlant des soins à prendre au sujet de la saillie, s'exprime en ces termes [1] :

« Trente jours avant la saillie, les vaches ne doivent pas manger jusqu'à satiété, car moins elles ont d'embonpoint, plus facilement elles retiennent. »

En parlant des taureaux, il se borne à donner quelques conseils généraux relatifs à la monte [2] :

« Deux mois avant la monte, dit-il, les taureaux ne doivent plus être envoyés avec les vaches aux pâturages communs ; mais on doit leur donner en abondance de l'herbe et

---

lignum indurata. Probant et a colore optimas, eas quæ sunt flavescentes, eas quoque quæ nigra crura habent, ut generosas probant. Bonum igitur est ut his omnibus a natura sit vacca ornata, sin minus, quam plurimis (lib. XVII, cap. ii).

[1] Vaccas triginta diebus antequam saliantur, cibo impleri non est permittendum, quanto enim magis gracilescent, tanto facilius semen concipiunt (lib. XVII, cap. i).

[2] Tauri duobus ante admissuram mensibus, non sunt dimittendi ad communia pascua cum vaccis, verum implendi sunt herba aut fœno, et si pabulum hoc non sufficiat, cicere, aut ervo, aut hordeo macerato.

du foin, et si cette nourriture ne suffit pas, on y ajoutera de la gesse, ou de l'ers, ou de l'orge trempé.

« Au-dessous de deux ans, ils ne sont pas encore propres à la monte; il en est de même lorsqu'ils ont atteint douze ans. On en peut dire autant des vaches. »

Sous le rapport de l'âge le plus propre à la saillie, les agronomes latins ne sont pas du même avis que nos éleveurs normands, qui vendent le plus souvent ou font castrer leurs taureaux à deux ans, ou peu après, ne les considèrant plus comme propres à faire un bon service quand ils ont passé cet âge, parce qu'ils deviennent trop lourds.

Cette différence d'opinion, si elle est suffisamment motivée, pourrait jusqu'à un certain point s'expliquer par une plus grande précocité des taureaux d'élite; et cette grande précocité elle-même peut être considérée comme le résultat d'une alimentation plus substantielle. Du reste, dans les pays où l'agriculture, peu avancée, ne permet pas de soumettre les animaux à une aussi bonne alimentation, on partage encore l'opinion des anciens. Nous pourrions ajouter que la castration vers deux ans, ou peu après cet âge, permet encore d'en faire des bœufs de bonne qualité, ce qui ne serait plus possible dans le cas d'une castration tardive. C'est peut-être là une des meilleures raisons que puissent alléguer nos éleveurs de Normandie.

Cassius Dionysius revient encore, un peu plus loin, et avec quelques détails de plus, sur le même sujet, dans un chapitre

Minores annis duobus non sunt idonei admissuræ, sed neque seniores duodecim. Idem etiam de vaccis intelligendum est.

intitulé : *A quel âge doit commencer la saillie dans l'espèce bovine* [1].

« Les femelles ne doivent pas être saillies avant l'âge de deux ans, afin qu'elles fassent leur premier veau à trois ans. Le vêlage à quatre ans est encore préférable.

« La vache n'est guère féconde que jusqu'à dix ans.

« L'époque la plus convenable pour la monte commence au lever du Dauphin, c'est-à-dire vers le commencement de juin, et dure environ quarante jours. La vache porte dix mois. Celles qui sont stériles, trop faibles ou trop avancées en âge, doivent être réformées ; car il est inutile de consacrer des soins à des choses dont on ne peut retirer un profit raisonnable. »

Dans le chapitre qu'il consacre à la reproduction du bétail, en rendant compte des travaux et des opérations relatives au mois de juillet, Palladius s'exprime ainsi [2] :

« C'est à cette époque surtout qu'il faut faire saillir les vaches par le taureau. Comme elles portent dix mois, elles se trouvent ainsi en état de vêler en plein printemps, et l'on sait qu'après avoir repris de l'état dans cette saison, elles mani-

---

[1] *A qua ætate incipienda admissura boum.*

Inire oportet non minores duobus annis, ut triennes pariant. Melius autem pariunt quadrimæ.

Parit vacca ut plurimum ad annos usque decem.......... Tempus admissuræ quadrupedum a Delphini exortu, hoc est circa junii mensis principium, usque ad dies XL. Gestat in utero vacca mensibus decem. Cæterum, steriles et imbecilles, et ætate provectiores, ex armentorum grege ejiciendæ sunt. Inutilis enim diligentia quæ circa inutilia adhibetur.

[2] *De armentis et gregibus multiplicandis.*

Hoc tempore maxime tauris submittendæ sunt vaccæ, quia decem mensium partus sic poterit maturo vere concludi; et certum est eas,

festent le désir de l'accouplement. Columelle dit que quinze vaches peuvent suffire à un taureau, et qu'il faut veiller à ce qu'un excès d'embonpoint ne les empêche pas de concevoir.

« Si le pays abonde en fourrages, on pourra faire saillir les vaches tous les ans ; mais si la nourriture est peu abondante, on ne devra les faire couvrir que tous les deux ans, surtout si ces mêmes vaches sont habituellement employées à quelques travaux. »

En parlant de l'alimentation des veaux, Cassius Dionysius résume ainsi les prescriptions qui les concernent[1] :

« Les vaches qui allaitent seront nourries de cytise ou de luzerne, car ce genre de nourriture leur donnera plus de lait. Les veaux devront être castrés à deux ans, car il n'est pas avantageux de les castrer plus tard. »

L'élevage du cheval n'était sans doute pas pratiqué d'une manière aussi large que l'élevage des autres animaux dans la partie centrale de l'ancienne Italie romaine, car les renseignements qui nous ont été laissés par les agronomes latins sont en général peu étendus, et peu importants, s'ils n'ont pas

---

post vernam pinguedinem, gestientes veneris amare lasciviam. Uni tauro quindecim vaccas Columella asserit posse sufficere, curandumque ne concipere nequeant nimietate pinguedinis. Si abundantia pabuli est in regione qua pascimus, potest annis omnibus in fœturam vacca submitti, si vero indigetur hoc genere, alternis temporibus onerandæ sunt, maxime si eædem vaccæ alicui operi servire consueverunt.

(Lib. VIII (julius), cap. iv.)

[1] *De vitulorum nutritione.*

Lactantes boves cytiso aut medica nutriemus, sic enim connutritæ plus lactis habebunt. Cæterum vituli ipsi duorum annorum castrandi sunt. Nam serius castrari non est commodum (lib. XVII, cap. vii).

été perdus. Voici ce que nous trouvons dans Cassius Dionysius [1].

« Les juments dont nous voulons élever les poulains doivent
être bien étoffées, de bonne taille, de belle apparence, avoir
le bassin large vers la région des flancs et des lombes. Qu'elles
n'aient pas moins de trois ans, et pas plus de dix ans. L'étalon
doit être large dans ses formes, et bien étoffé dans toutes ses
parties.

« Le temps de la saillie dure depuis l'équinoxe du printemps,
c'est-à-dire du 22 mars au 22 juin, afin que le part ait lieu
vers le moment le plus tempéré de l'année, quand les herbes
et les prés sont verdoyants. En effet, la jument porte onze mois
et dix jours, et les poulains conçus après le solstice d'été sont
défectueux et de peu de valeur. Que, pendant le temps de la saillie,
le cheval soit dispensé de travail, et qu'on n'exige pas de lui
de trop nombreuses saillies dans une même journée, mais deux
seulement, une le matin et l'autre le soir.

« Si, une fois en chaleur, une jument n'a pu se faire couvrir,

---

[1] *De equis.*

Equas feminas ex quibus pullos educabimus esse oportet bene com-
pactas, et magnitudinem justam habentes, pulchrasque aspectu, habe-
reque latitudinem in partibus alvi juxta ilia et lumbos.

Ætate sint non minores annis tribus, neque seniores annis decem.

Equum vero admissarium corporis complexu esse oportet magnum, et
partibus omnibus bene compactum.

Tempus saliendi ab æquinoctio verno, hoc est a vigesima secunda
martis, usque ad secundam et vigesimam junii, quo partus fiat circa
temperatissimum anni tempus, in quo herbæ ac gramina virescant. Gestat enim equa in utero menses undecim, et dies decem. Conceptus autem
post solstitium æstivum degeneres et inutiles fiunt. Admissionis temporis equus a laboribus ferias agat. Salire autem non sæpe in die ipsum

on la ramènera au bout de dix jours à l'étalon ; si elle refuse alors, on devra la mettre de côté comme devenue impropre à la reproduction. Lorsque la conception est assurée, on doit veiller à ce que les sexes ne restent pas mêlés plus qu'il n'est nécessaire, et à ce que les poulinières ne séjournent pas dans les lieux froids, car le froid est contraire aux juments pleines.

« On rend les étalons plus ardents, on leur frottant les narines avec la liqueur prise dans les parties génitales de la jument.

« On reconnaîtra le mérite futur d'un poulain soit d'après ses qualités morales, soit d'après ses qualités physiques corporelles. Par exemple, s'il a la tête petite, les yeux noirs, les narines relevées, les oreilles courtes, l'encolure tendre, la crinière longue et un peu crépue, penchée vers le côté droit du col, la poitrine large et pleine, les épaules grandes, les bras droits, le ventre de grosseur moyenne, les testicules longs, l'épine dorsale bien doublée, sans être bossue, la queue longue et bien garnie de crins souples, les jambes droites, les cuisses

oportet, verum bis solummodo, mane et vespere. Si semel incensa equa marem non admiserit, post dies decem ipsi rursus adducatur. Si vero neque sic admiserit, segreganda est, ut quæ non jam concepit. Quum autem conceperint, curandum est ut ne plus justo misceantur, neque frigidis requiescant locis. Contrarium est enin prægnantibus frigus. At vero mares alacres ad venerem faciemus, si detersa equæ natura ipsi nares illeverimus.

Pullum generosum futurum sic cognoscemus, tum ex animalibus, tum ex corporeis virtutibus. Velut exempli gratia ex corporis virtutibus, caput habet parvum, oculos nigros, nares non collapsas, aures breves, collum tenerum, jubam profundam, paulo crispiorem, ad dextram cervicis partem reclinatam, pectus latum et plenum, humeros magnos, brachia recta, alvum justæ molis, testes longos, spinam maximo quidem duplicem, sin minus gibbosam, caudam magnam pilis densam ac cris-

remplies par les organes de son sexe ; le sabot bien développé,
bien délimité, également compact dans toutes ses parties, la
fourchette peu développée, la corne ferme : toutes ces qualités
dénotent un poulain capable de faire un bon et fort cheval.

« Quant aux qualités morales, pour en juger, on s'assurera
s'il n'est pas craintif et poltron, s'il ne s'effraye pas des objets
qui s'offrent subitement à sa vue, si, dans la troupe des poulains,
il apparaît le premier, non pas entraîné par ceux qui le suivent, mais en poussant ceux qui le précèdent ; si, lorsqu'il
s'agit de traverser une rivière ou un étang, il entre bravement
le premier, au lieu d'attendre qu'un autre y pénètre avant
lui.

« On doit apprivoiser les poulains à dix-huit mois, et leur
appliquer le licol ; on doit également suspendre le frein à leur
crèche, afin qu'ils s'habituent à son contact et qu'ils ne crai-
gnent pas le bruit des chaînettes.

« Dès que le poulain aura trois ans, on devra le dompter et
le dresser avant qu'il n'ait pris un trop grand développement. »

pam, crura recta, femora masculis plena, ungulam probe expletam ac
circumscriptam, et undique æqualiter compactam, ranunculum parvam,
unguem solidum. Ex his omnibus manifestus fit pullus in bonum ac
magnum equum evasurus.

Ab animalibus porro virtutibus sic experimentum sumere oportet.
Si non fuerit pavidus et consternatus, neque ab apparentibus dere-
pente perterreatur, et in grege pullorum primus apparuerit, non cedens,
sed expellens proximum, et in fluminibus ac stagnis non expectans ut
alius prior inscendat, sed ipse intrepide primus hoc faciat.

Mansuefaciendi autem sunt pulli decem et octo mensibus impletis,
capistraque ipsis circumponenda, frenumque ad præsepe suspendendum,
ut ejus contactui assuescant, et non revereantur postmidum strepitum.

Ubi autem trium annorum est, dometur antequam ventrosus fiat
(lib. XVI, cap. 1).

Nous avons été à même de reconnaître, dans les chapitres précédents de ces études, que l'espèce ovine, chez les Romains, n'était pas l'objet de moins de soins que les autres espèces d'animaux constituant, par leur ensemble, le bétail d'une bonne exploitation agricole. Quelques fragments vont nous donner une idée des pratiques relatives à l'élevage des moutons à cette époque.

« Deux mois avant la monte, dit Cassius Dionysius [1], les béliers doivent être retirés du troupeau, et recevoir une nourriture plus abondante. Lorsqu'on les jugera pleins de vigueur et suffisamment préparés, on les mêlera avec les brebis. L'âge convenable pour la monte, chez les béliers, commence à deux ans et finit à huit. Il en est de même pour les brebis. Il est bon de savoir, toutefois, que les béliers poursuivent de préférence les brebis d'âge, parce que qu'elles se prêtent plus facilement et plus vite à la saillie ; les antenaises ne sont saillies qu'après. Mais il faut éviter cette saillie tardive, parce qu'elle offre des inconvénients.

« Certains éleveurs, pour avoir en tout temps des agneaux et du lait, combinent diversement les époques de monte pendant les diverses saisons de l'année. . . . .

De admissura et partu ovium

Arietes duobus mensibus ante admissuram separandi sunt, eisque largius pabulum exhibendum. Ubi vero vires et facultatem sufficientem collegerint, ad feminas dimittendi. Ætas arietum utilis ad initum, ab annis duobus usque ad octo. Similiter et in feminis. Nosse autem operæ pretium est, quod arietes magis oves veteres persequuntur, ut quæ facilius citiusque ineantur, deinde etiam novellas. At vero tardius iniri non oportet. Est enim nocivum.

Quidam quo per omnem fere agnos ac lac habeant, tempus admissuræ diversimode in singula anni tempora disponunt. . . . . .

« On donne aux béliers de la vigueur pour la monte, en mêlant souvent à leurs aliments de l'herbe prolifique appelée *polygonos* [1], qui augmente aussi chez les autres animaux l'ardeur pour la saillie. . . . . . .

« Les très-jeunes agneaux, lorsqu'ils ont tété à discrétion, doivent être séparés du troupeau; car ils sont foulés aux pieds lorsqu'ils restent avec leurs mères dans la bergerie. On attendra, pour traire les brebis, que leurs agneaux aient au moins deux mois; il serait même préférable de ne jamais les traire pendant l'allaitement ; les agneaux seraient plus robustes.

« Les agneaux des brebis primipares doivent être vendus comme incapables de bonne conservation. »

Enfin nous terminerons cette partie de nos études par quelques lignes empruntées à Palladius sur le même sujet.

« Ayez soin, dit-il [2], que votre troupeau ait du fourrage en abondance , et faites-le paître loin des buissons qui , en le dépouillant d'une partie de sa laine, lui déchirent le corps.....

Validi autem ad initium fiunt arietes, si sæpe ipsis in pabulo ammisceantur et multifera herba polygonos appellata, unde etiam reliqua pecora ad coitum excitantur.

Recens natæ oviculæ ubi lacte impletæ sunt, seorsim habendæ sunt. Si enim simul cum matricibus stabulentur, conculcantur. Lac usque ad duos menses non emulgeatur, quanquam præstiterit id nunquam emulgeri. Habiliores enim agni evadent. Oviculas ex primiparis natas abalienare oportet, velut ineptas ad diuturnitatem.

(Lib. XVIII, cap. III.)

[1] Cette plante ne serait-elle pas le *polygonum aviculare*, ou herbe de fer, que l'on s'accorde à considérer comme un tonique puissant ?

[2] Providendum est ut pabuli ubertate saturetur, et longe pascat a sentibus qui lanam minuunt et corpus incidunt.....

« Faites couvrir vos brebis au mois de juillet, afin que leurs agneaux se fortifient avant l'hiver.

« Vendez, en automne, vos animaux débiles, de peur que la froide saison ne les emporte.

« Quelques éleveurs, deux mois avant l'époque de l'accouplement, empêchent les béliers de saillir, afin d'exciter leur ardeur en différant le moment de la saillie. D'autres les laissent à leur gré s'approcher des brebis, pour en obtenir des produits pendant toute l'année. »

Admittendi sunt mense julio arietes, et nati ante hiemem convalescant.

Autumno debiles quæque pretio mutentur, ne eas imbecilles hibernum frigus absumat.

Aliqui duobus ante mensibus arietes a coitu revocant, ut facem libidinis augeat dilatatio voluptatis. Quidam coire sine discretione permittunt, ut hoc eis genere per totum annum fœtura non desit.

(Lib. VIII (julius), cap. iv.)

CINQUIÈME PARTIE.

Volailles. — Volières.

Les Romains entretenaient, soit pour l'ornement de leurs villas, soit pour le luxe de leurs tables, et c'était le cas le plus ordinaire, une foule d'oiseaux divers qui étaient souvent, pour ceux qui savaient en tirer parti, la source de grands bénéfices.

Certaines volières de la campagne de Rome donnaient autrefois des produits dont on ne se fait généralement pas une idée aujourd'hui, et pour me justifier d'avoir consacré quelques pages à cette partie souvent négligée de l'économie rurale de nos jours, il me suffira de citer un court extrait du dialogue dans lequel Varron met en scène le sénateur Q. Axius, l'augure Appius et Cornélius Mérula.

En parlant d'une métairie appartenant à sa tante maternelle, et qui se trouvait à vingt mille pas de Rome : « Il y a « dans cette métairie [1], dit Mérula, une volière qui a fourni, « dans une seule année, jusqu'à cinq mille *grives*, lesquelles, « à trois deniers pièce, ont rapporté, cette même année, « soixante mille sesterces (environ 12 000 fr.), le double du « revenu de votre terre de Réate, qui pourtant contient deux « cents jugères. »

[1] In hac villa qui est ornithon, ex eo uno quinque millia scio venisse turdorum denariis ternis, ut *HS* sexaginta millia ea pars villæ reddiderit eo anno, bis tantum quum tuus fundus ducentorum jugorum Reate reddit.

Nous ne donnerons pas ici le détail de toutes les pratiques suivies pour l'entretien ou l'engraissement de toutes les espèces de volailles ou d'oiseaux qui figuraient sur les tables somptueuses d'alors ; nous allons nous borner aux espèces les plus communes, et nos citations suffiront pour donner une idée du degré d'importance et de perfection des soins dont ces animaux étaient l'objet.

CHAPITRE PREMIER.

ALIMENTATION ET ENGRAISSEMENT DES POULES.

« La meilleure nourriture que l'on puisse donner aux poules, dit Columelle [1], est de l'orge écrasée et de la vesce ; la cicérole n'est pas moins bonne, non plus que le millet et le panis ; mais la cherté de ces graines s'oppose souvent à leur emploi. Quand il en est ainsi, on les remplace avec avantage par des menues criblures de blé ; mais, même dans les localités où cette céréale est à vil prix, il ne faut pas la donner pure, parce qu'elle est nuisible à la volaille. On peut encore lui donner de l'ivraie cuite, et du son qui ne soit pas trop dépouillé de sa farine ; car, s'il n'en conserve pas un peu, il ne vaut rien, et les poules le dédaignent. Les feuilles et les graines de cytise sont très-con-

[1] *De cibariis gallinarum.*
Cibaria gallinis præbentur optima, pinsitum hordeum et vicia, nec minus cicercula, tum etiam milium, aut panicum ; sed hæc ubi vilitas annonæ permittit ; ubi vero ea est carior, excreta tritici minuta commode dantur ; nam per se id frumentum, etiam quibus locis vilissimum est, non utiliter præbetur, quia obest avibus. Potest etiam lolium decoctum objici, nec minus furfures modice a farina excreti ; qui si nihil habent farris, non sunt idonei, nec tantum appetuntur. Jejunis cytisi folia, seminaque maxime probantur, ut sunt huic generi gratissima ; neque est

venables pour les volailles maigres, qui les aiment beaucoup, et il n'y a pas de pays où cet arbrisseau ne puisse croître en abondance. Quoique le marc de raisin les nourrisse assez bien, on ne doit pas leur en donner, à moins que ce ne soit dans les temps de l'année où elles ne pondent pas, car il diminuerait le nombre et le volume de leurs œufs; mais quand, après l'automne, elles cessent tout à fait de pondre, on peut les alimenter avec cette nourriture. Toutefois, quels que soient les aliments qu'on donne aux volailles de la basse-cour, on doit les diviser en deux rations, dont une leur sera offerte au point du jour, et l'autre vers la fin de la journée ; le matin, afin qu'elles ne s'écartent pas trop loin des poulaillers; le soir, pour que, dans l'espoir de leur souper, elles rentrent à temps dans leur retraite, et qu'on puisse plus souvent s'assurer de leur nombre : car elles mettent facilement la vigilance de leur gardien en défaut. — Il faut déposer de la poussière sèche et de la cendre le long des murs, dans tous les lieux où une galerie ou un toit recouvre une partie de la cour, afin que les poules puissent s'y rouler : car c'est ainsi qu'elles nettoient leur plumage et leurs ailes...............

ulla regio in qua non possit hujus arbusculæ copia esse vel maxima. Vinacea quamvis tolerabiliter pascant, dari non debent, nisi quibus temporibus anni avis fœtus non edit ; nam et partus raro, et ova faciunt exigua ; sed quum plane post autumnum cessant a fœtu, possunt hoc cibo sustineri. Attamen quæcumque dabitur esca per cohortem vagantibus, die incipiente, et jam in vesperum declinante, bis dividenda est, ut et mane non protinus a cubili latius evagentur, et ante crepusculum propter cibi spem temporibus ad officinam redeant, possitque numerus capitum sæpius recognosci ; nam volatile pecus facile pastoris custodiam decipit. Siccus etiam pulvis et cinis, ubicumque cohortem porticus vel tectum protegit, juxta parietes, reponendus est, ut sit quo aves se perfundant ; nam his rebus plumam pennasque emundant........

« ... On doit ouvrir le poulailler aux poules après la première heure du jour, et les y enfermer avant la onzième. Tels sont les soins qu'on doit prendre des volailles vivant en liberté. Ils sont les mêmes pour celles qui sont enfermées, à cela près qu'on ne les laisse pas sortir, et que, dans leur poulailler, on leur distribue trois fois dans la journée de plus fortes rations. Ainsi on leur donnera chaque jour quatre cyathes (0lit,333) de nourriture par tête, tandis que trois et même deux suffisent pour les poules en liberté. Il est nécessaire que les poules enfermées aient à leur disposition un vestibule assez étendu, pour qu'elles puissent s'y promener et s'y chauffer au soleil.................

« ... On ne doit faire ces dépenses et prendre ces soins que dans les lieux où l'on peut tirer bon *parti* de ces volailles. »

En parlant de la ponte, dans le chapitre suivant, il ajoute :

« ... On peut [1], par une nourriture convenable, provoquer leur fécondité, afin d'obtenir plus tôt leurs œufs. Pour arriver à ce but, on leur donne avec beaucoup d'avantage, à discrétion, de l'orge demi-cuite ; cette céréale augmente le volume des œufs et en rend la production plus fréquente ; mais il faut

.... Gallina post primam emitti, et ante horam diei undecimam claudi debet: cujus vagæ cultus hic, quem diximus, erit : nec tamen alius clausæ, nisi quod ea non emittitur, sed intra ornithonem ter die pascitur majore mensura : nam singulis capitibus quaterni cyathi diurna cibaria sunt, quum vagis terni, vel bini præbeantur. Habere etiam clausum oportet amplum vestibulum, quo prodeat, et ubi apricetur.... Quas impensas et curas, nisi locis quibus harum rerum vigent pretia non expedit adhiberi.   (Lib. VIII, cap. v.)

[1] ... Cibis idoneis fecunditas earum elicienda est, quo maturius partum edant. Optime præbetur ad satietatem hordeum semicotum : nam et majus facit ovorum incrementum, et frequentiores partus ; sed is cibus

l'assaisonner, pour ainsi dire, de feuilles et de graines de cytise, qui, les unes et les autres, passent pour augmenter la fécondité des oiseaux. La ration, pour les poules en liberté, sera, comme je l'ai déjà dit, de deux cyathes d'orge, auxquels on mêlera toutefois un peu de cytise, ou bien, à défaut de cytise, de la vesce ou du millet. »

Engraissement des volailles.

C'est à Varron et à Columelle que nous empruntons la description des pratiques suivies de leur temps, et il sera facile de voir qu'on en savait déjà bien long alors dans l'art de la gourmandise.

« On les enferme, dit Varron[1], dans un endroit chaud, étroit et obscur, parce que le mouvement et la lumière nuisent à l'engraissement. » Après avoir indiqué les races les plus propres à la réussite de l'opération il ajoute :

« On choisit toutes les plus volumineuses, et après leur avoir arraché les plus grandes plumes des ailes et de la queue, on les gave avec des boulettes de farine d'orge mêlée de farine d'ivraie ou de farine de graine de lin pétrie dans l'eau douce. On leur en donne deux fois par jour ; mais on s'assure, par

quasi condiendus est interjectis cytisi foliis ac semine ejusdem, quæ utraque maxime putantur augere fecunditatem avium. Modus autem cibariorum sit, ut dixi, vagis binorum cyathorum hordei ; aliquid tamen admiscendum erit cytisi, vel, si non id fuerit, viciæ aut milii.

(Lib. VIII, cap. v.)

[1] Eas includunt in locum tepidum et angustum, et tenebrosum, quod motus earum et lux pinguitudini inimica.....

Amplas omnes ex his, evulsis ex alis pennis, et cauda, farciunt turundis hordeaccis partim admixtis ex farina loliacea, aut semine lini ex aqua dulci. Bis die cibum dant, observantes ex quibusdam signis, ut prior sit concoctus, quum secundum dent. Dato cibo, tum perpurgant caput,

certains indices, que le premier repas est digéré, avant de
faire prendre le second. Quand elles ont mangé, et qu'on a
débarrassé leur tête des poux qu'elles peuvent avoir, on les
enferme de nouveau. Ce régime dure vingt-cinq jours ; alors
elles sont parfaitement grasses. Certaines personnes les engraissent avec du pain de froment émietté dans un mélange
d'eau et de bon vin d'un goût agréable ; on parvient ainsi,
en vingt jours, à les rendre grasses et tendres. Si, pendant
l'engraissement, elles se dégoûtent par excès de nourriture, on
diminue celle-ci par degrés, de manière à suivre, pendant les
dix derniers jours, mais en sens inverse, la même proportion
qu'on a suivie en augmentant pour les dix premiers, et à finir
comme on a commencé.

« On gave et on engraisse les pigeons de la même manière. »

Écoutons maintenant Columelle, qui, sur ce point, comme
sur beaucoup d'autres, a toujours le grand mérite d'être clair,
net et précis dans les indications qu'il fournit :

« Quoique l'engraissement des poules soit plutôt l'affaire d'un
engraisseur que celle du fermier [1], cependant, comme c'est
une chose facile, j'ai cru devoir dire ici comment il faut opérer.

ne quos habeant pedes, rursus eas concludant. Hoc faciunt usque ad
dies viginti quinque ; tunc denique pingues fiunt. Quidam ex triticeo pane
intrito in aquam, mixto vino bono et odorato farciunt, ita ut diebus
viginti pingues reddant ac teneras. Si in farciendo nimio cibo fastidiunt,
remittendum in datione pro portione, sic ut decem primis processit, in
posterioribus, ut diminuat eadem ratione, ut vigesimus dies et primus
sit par.

Eodem modo palumbes farciunt et reddunt pingues. (Lib. III, cap. IX.)

De gallinis farciendis.

Pinguem facere gallinam, quamvis fartoris, non rustici, sit officium ;
tamen, quia non ægre contingit, præcipiendum putavi. Locus ad hanc

Pour obtenir de bons résultats, il est surtout important d'avoir un emplacement chaud, peu éclairé, dans lequel chaque volaille sera enfermée, soit dans une petite cage, soit dans un panier suspendu, où elle est tellement resserrée qu'elle ne peut s'y retourner. — Les poules y trouveront, toutefois, une ouverture à chaque bout, de manière qu'elles puissent passer la tête par l'une d'elles, et la queue ainsi que le derrière par l'autre, afin de pouvoir prendre leur nourriture, et rendre leurs excréments sans être salies. On leur fait une litière de paille très-propre ou de foin très-moelleux, c'est-à-dire de regain : car, si elles sont couchées durement, elles ont de la peine à s'engraisser. Il faut leur arracher toutes les plumes de la tête, du dessous des ailes et du derrière : les premières, pour qu'il ne s'y engendre pas de poux, les dernières de peur que les excréments, en s'y attachant, n'y fassent naître des ulcérations. Leur nourriture consiste en farine d'orge pétrie dans de l'eau, dont on fait des boulettes, qui servent à les gaver. Les premiers jours, la ration sera peu considérable, jusqu'à ce qu'elles soient accoutumées à en digérer une plus forte : car il faut surtout prévenir les indigestions, et ne donner que ce qui peut

rem desideratur calidus maxime, et minimi luminis, in quo singulæ caveis angustioribus, vel sportis inclusæ pendeant aves, sed ita coarctatæ, ne versari possint. Verum habeant ex utraque parte foramina, unum, quo caput exseratur, alterum, quo cauda clunesque ; ut et cibos capere possint, et eos digestos sic edere, ne stercore coinquinentur. Substernatur autem mundissima palea, vel molle fœnum, id est cordum : nam si dure cubant, non facile pinguescunt. Pluma omnis e capite, et sub alis atque clunibus detergetur ; illic, ne pediculum creet ; hic ne stercore loca naturalia exulceret. Cibus autem præbetur hordeacea farina, quæ quum est aqua conspersa et subacta, formantur offæ, quibus aves saginantur ; eæ tamen primis diebus dari parcius debent, dum plus concoquere consuescunt ; nam cruditas vitanda est maxime, tantumque

être élaboré par leur estomac, et seulement lorsqu'on se sera assuré, en leur tâtant le jabot, qu'il n'y reste plus rien du repas précédent. Ensuite, quand l'oiseau est rassasié, on descend sa cage pour le laisser un peu sortir, non pour qu'il coure au dehors, mais pour qu'il puisse s'éplucher avec son bec et se débarrasser des insectes qui le piquent ou le mordent.

« Telle est à peu près la méthode communément suivie par les engraisseurs. Quant aux personnes qui veulent non-seulement engraisser leurs volailles, mais encore les rendre tendres, elles détrempent la farine d'orge dont nous avons parlé avec de l'eau fraîchement *miellée*, et les gorgent avec ce mélange. Il y a des gens qui engraissent leurs poules en leur donnant du pain de froment trempé dans un mélange de trois parties d'eau et d'une de bon vin. Soumises à ce régime le premier jour de la lune, elles seront parfaitement grasses vingt jours après. Si elles viennent à prendre en dégoût leur nourriture, il faudra en diminuer la ration pendant autant de jours qu'il s'en est écoulé depuis qu'elles sont à l'engrais; de manière, toutefois, que la durée de l'engraissement ne dépasse pas vingt-cinq jours. Il est, du reste, de principe que les plus

præbendum, quantum digerere possint ; neque ante recens admovenda est, quam tentato gutture apparuerit, nihil veteris escæ remansisse. Quum deinde satiata est avis, paululum deposita cavea dimittitur, sed ita ne vagetur, sed potius, si quid est quod eam stimulet aut mordeat, rostra persequatur.

Hæc fere communis est cura farcientium ; nam illi, qui volunt non solum opimas, sed etiam teneras aves efficere, mulsea recente aqua prædicti generis farinam conspergunt, et ita farciunt. Nonnulli tribus aquæ partibus unam boni vini miscent, madefactoque tritico pane obesant avem. Quæ prima luna saginari cœpta, vicesima pergliscit. Sed si fastidiet cibum, totidem diebus minuere oportebit, quot jam farturæ processerint, ita tamen ne tempus omne opimandi quintam et vicesimam

grosses volailles doivent être destinées aux tables somptueuses:
par ce moyen, le prix qu'on en retirera sera en rapport avec la
peine et la dépense qu'elles auront occasionnées. »

CHAPITRE II.

OISEAUX DIVERS : GRIVES, MERLES, PIGEONS, TOURTERELLES, ETC.

« Construisez [1], fait dire Varron à Mérula, une grande cou-
pole (sorte de péristyle couvert de toiles ou de filets), qui
puisse contenir quelques milliers de grives et de merles ; on
y ajoute quelquefois d'autres oiseaux qui se vendent bien,
comme des ortolans ou des cailles. On y conduit, à l'aide d'un
tuyau, de l'eau qu'il vaut mieux faire arriver dans de petits
canaux qu'on puisse facilement nettoyer, que de lui laisser oc-
cuper une large surface ; car alors elle est plus vite salie et
devient une boisson insalubre. Il faut ménager une décharge
pour l'eau surabondante, pour éviter la formation de la boue
qui incommoderait les oiseaux. La porte doit être basse, étroite,
et du genre de celles qu'on nomme trappes (cochleas), dans les
amphithéâtres destinés aux combats de taureaux. Que les fenêtres soient peu nombreuses, afin que les captifs ne puissent

lunam superveniat. Antiquissimum est, autem, maximam quamque avem
lautioribus epulis destinare ; sic enim digna merces sequitur operam et
impensam.   (Lib. VIII, cap. VII.)

[1] Testudo (ut peristylum tectum tegulis, aut rete) sit magna, in qua millia
aliquot turdorum ac merularum includere possint. Quidam addjiciunt
præterea aves alias quoque, quæ pingues veneunt care, ut miliariæ ac co-
turnices. In hoc tectum aquam venire oportet per fistulam, et eam potius
per canales angustas serpere, quæ facile extergi possint. Si enim late ibi
aqua diffusa, et inquinatur facilius, et bibitur inutilius, et ex eis ca-
duca, quæ abundat, et exit per fistulam, facit ut luto aves laborent.
Ostium habere humile et angustum, et potissimum ejus generis, quod
cochleam appellant ; ut solet esse in cavea in qua tauri pugnare solent.

apercevoir ni arbres ni oiseaux dont la vue les ferait maigrir par le désir d'aller les rejoindre. On ne doit donc leur laisser que ce qu'il leur faut de lumière pour qu'ils reconnaissent où ils doivent se percher et trouver leur boire et leur manger. Le pourtour des portes et des fenêtres doit être recouvert d'un enduit bien poli afin que les rats n'y puissent entrer, ni aucun autre animal. A l'intérieur, on garnira le pourtour de la muraille d'un grand nombre de perchoirs où les oiseaux puissent se poser ; on ajustera en outre, sur des perches inclinées depuis le sol jusqu'aux murs, d'autres perches transversales disposées en gradins rapprochés, à la manière des balustrades des théâtres. Au bas se trouvent l'eau qu'on leur donne à boire, ainsi que leur nourriture, sorte de pâtée faite principalement de figues et de farine commune. Vingt jours avant d'en tirer les grives, on leur donne une nourriture plus abondante, plus d'eau, et on commence à faire entrer dans leurs aliments de la farine de meilleure qualité. Il doit y avoir dans la volière quelques tablettes faisant suite aux perchoirs, dont elles forment en quelque sorte le complément.

Fenestras raras, per quas non videantur extrinsecus arbores, aut aves, quod earum aspectus ac desiderium macrescere facit volucres inclusas. Tantum luminis habere oportet, ut aves videre possint ubi assidant, ubi cibus, ubi aqua sit. Tectorio tecta esse levi circum ostia ac fenestras, ne qua intrare mus, aliave quæ bestia possit. Circum hujus ædificii parietes intrinsecus multos esse palos, ubi aves assidere possint. Præterea et perticas inclinatas ex humo ad parietem, et in eis transversas alias gradatim modicis intervallis annexas ad speciem cancellarum scenicorum ac theatri. Deorsum in terram esse aquam, quam bibere possint. Cibatui offas positas, cæ maxime glomerantur ex ficis et farre misto. Diebus viginti ante quam quis tollere velit turdos, largius dat cibum, et aquæ plus ponit, et farre subtiliore incipit alere. In hoc tecto, caveaque tabulata habeant aliquot ad perticæ supplementum.

« Près de cette volière, il s'en trouve une plus petite, dans laquelle celui qui soigne les oiseaux dépose les morts de la grande, afin de pouvoir en rendre un compte exact à son maître. Pour tirer de la volière, quand on en a besoin, les oiseaux qui sont en état convenable, on les fait sortir dans une toute petite volière communiquant avec la grande par une porte, beaucoup plus vivement éclairée, et qu'on appelle un séparateur (*seclusorium*). Lorsqu'on y a mis à part le nombre d'oiseaux voulu, on les tue. Si l'on commence d'abord par les séparer ainsi pour les tuer hors de la vue de ceux qui restent, c'est pour leur éviter un spectacle qui pourrait les faire mourir de chagrin dans un temps peu convenable et au détriment du vendeur..…

« Placez donc, ajoute un des interlocuteurs de Mérula, cinq mille grives dans une volière, et vienne un repas public ou un triomphe, et vous en tirerez les soixante mille sesterces que vous désirez. »

Si nous ne donnons pas ici d'aussi longs détails sur les pigeons, ce n'est pas parce que les Romains en faisaient moins de cas que des autres oiseaux sur l'éducation ou l'engraissement desquels nous nous sommes plus longuement arrêté;

Contra hoc aviarium est aliud minus, in quo quæ mortuæ ibi sunt aves, ut domino numerum reddat, curator servare solet. Quum opus sunt ex hoc aviario ut sumantur idoneæ, excluduntur in minusculum aviarium, quod est conjunctum cum majore ostio, et lumine illustriore, quod seclusorium appellant. Ibi cum eum numerum habet exclusum, quem sumere vult, omnes occidit. Hoc ideo in seclusorio clam, ne reliqui, si videant, despondeant animum, atque alieno tempore venditori moriantur.
Si quinque millia hic conjeceris, et erit epulum, ac triumphus, sexaginta millia quenis statim in fœnus des licebit.   (Lib. III, cap. ij.

trop de faits nous donneraient d'éclatants démentis, puisque L. Axius, chevalier romain, vendait ses pigeons, avant la guerre civile de Pompée, quatre cents deniers la paire, soit environ 310 francs. Aussi est-ce avec une sorte de honte que Columelle cite les prix fabuleux auxquels ces oiseaux se vendaient de son temps.

« Varron nous affirme, dit-il [1], que même dans son temps de mœurs plus sévères, on payait communément une paire de pigeons mille sesterces (environ 194 fr.); tandis que de notre temps, j'ai honte de le répéter, s'il faut en croire ce qui se dit, on trouve des gens qui paient deux oiseaux quatre mille sesterces (environ 796 fr.). »

Nous terminerons cette revue par les chapitres consacrés par Columelle à l'engraissement des tourterelles et des grives.

Engraissement des tourterelles.

« Il n'est pas nécessaire [2], dit-il, d'élever des tourterelles, parce que ces oiseaux ne pondent et ne couvent guère dans les volières. On ne destine à l'engraissement que celles que l'on prend au vol, et elles demandent, pour cela, beaucoup moins de soins que les autres oiseaux. Toutes les saisons pourtant

[1] Varro nobis affirmat, etiam illis severioribus suis temporibus paria singula millibus singulis sestestiorum solita venire; nunc nostri pudet sæculi, si credere volumus, inveniri, qui quaternis millibus nummorum binas aves mercentur. (Lib. VIII, cap. vii, passim.)

De alendis turturibus.

[2] Turturum educatio supervacua est, quoniam id genus in ornithone nec parit, nec excludit. A volatura itaut capitur, farturæ destinatur, eoque leviore cura, quam ceteræ aves, saginatur : verum non omnibus temporibus. Per hiemem, quamvis adhibeatur opera, difficulter gliscit,

ne sont pas également favorables : dans l'hiver, quelque peine qu'on se donne, on ne parvient que difficilement à les engraisser ; et pourtant c'est l'époque où elles sont à plus bas prix, parce qu'alors les grives sont en grande abondance. Dans l'été, au contraire, les tourterelles s'engraissent d'elles-mêmes, pourvu qu'elles ne manquent pas de nourriture, et surtout de millet. Non pas que le froment et les autres céréales les engraissent moins bien, mais parce que le millet est plus de leur goût. Au reste, en hiver, on arrive plus facilement à ce résultat, comme aussi pour les ramiers, en leur donnant, préférablement à toute autre nourriture, des boulettes de pain trempées dans du vin. On ne leur fait pas, comme aux pigeons, des boulins qui leur servent de retraite, ni des cellules creusées dans le mur, mais on dispose pour elles, sur une rangée de corbeaux fixées dans la muraille, de petites nattes de chanvre sur lesquelles on tend un filet pour les empêcher de voler ; ce qu'elles ne feraient qu'aux dépens de leur embonpoint. Là, on les nourrit continuellement de millet ou de froment, qu'il ne faut leur donner que secs. Un demi-modius (environ 5^{lit}) de ces

et tamen, quia major est turdæ copia, pretium turturum minuitur. Rursus æstate vel sua sponte, dummodo sit facultas cibi, pinguescit ; nihil enim aliud, quam objicitur esca, sed præcipue milium : nec quia tritico vel aliis frumentis minus coalescant ; verum quod semine hujus maxime delectantur. Hieme tamen offæ panis vino madefaciæ, sicut etiam palumbas, celerius opimant, quam ceteri cibi. Receptacula non tanquam columbis, loculamenta, vel cellulæ cavatæ efficiuntur, sed ad lineam mutuli per parietem defixi, tegeticulas cannabicas accipiunt, prætentis retibus, quibus prohibeantur volare : quoniam si id faciant, corpori detrahunt. In his autem assiduo pascuntur milio, aut tritico, sed ea semina dari, nisi sicca, non oportet ; satiatque semodius cibi in diebus singulis vicenos et centenos turtures. Aqua semper recens, et quam

grains suffit, par jour, pour rassasier cent vingt tourterelles. On
leur donne toujours de l'eau fraîche et très-propre dans de petits vases semblables à ceux dont on se sert pour les pigeons et
pour les poules. On nettoie leurs petites nattes, pour que leurs
pattes ne soient pas échauffées dans la fiente, qu'on doit, du
reste, conserver avec soin, ainsi que celle de tous les autres
oiseaux, pour la culture des champs et pour les arbres. Les
vieilles tourterelles s'engraissent moins bien que les jeunes.
C'est pourquoi, les nouvelles couvées sont prises à l'époque de
la moisson, quand elles ont acquis déjà de la force.

Education et engraissement des grives.

« Les grives[1] exigent plus de soins et des dépenses que les
tourterelles. On peut les nourrir dans toutes les campagnes,
mais plus avantageusement dans le lieu où elles ont été prises,
parce qu'elles souffrent difficilement qu'on les transporte dans un
autre pays, car la plupart de celles qu'on renferme alors dans
des cages y dépérissent ; c'est aussi ce qui arrive à celles qu'on
fait passer instantanément du filet dans la volière. Pour éviter
cet inconvénient, on leur donnera pour compagnes quelques an-

mundissima, vasculis qualibus columbis atque gallinis, præbetur ; tege-
ticulæque mundantur, ne stercus urat pedes, quod tamen et idipsum
diligenter reponi debet ad cultus agrorum arborumque, sicut et omnium
avium. Hujus avis ætas ad saginam non tam vetus est idonea, quam no-
vella. Itaque circa messem, quum jam confirmata est pullities, eligitur
(Lib. VIII, cap. ix.)

[1] *De turdis educandis.*

Turdis major opera et impensa præbetur, qui omni quidem rure, sed
salubrius in eo pascuntur, in quo capti sunt : nam difficulter in aliam
regionem transferuntur, quia caveis clausi plurimi despondent : quod
faciunt etiam, quum eodem momento temporis a rete in avaria conjecti
sunt ; itaque, ne id accidat, veterani debent intermisceri, qui ab aucu-

ciennes grives élevées par les oiseleurs, à l'effet de servir comme d'appeaux aux nouvelles captives, et d'adoucir leur tristesse en voltigeant au milieu d'elles. De cette manière, à l'imitation des grives apprivoisées, les grives sauvages s'accoutumeront insensiblement à chercher l'eau et la nourriture. Ces oiseaux, comme les pigeons, désirent un lieu sûr et exposé au soleil ; là, on adaptera dans les parois opposées des murs, que l'on perce à cet effet, des perches transversales sur lesquelles elles se jucheront quand, rassasiées de nourriture, elles voudront se reposer. Ces perches ne doivent pas être élevées, au-dessus du sol, à une hauteur plus grande que celle à laquelle un homme debout peut atteindre. On place leur nourriture vers les parties de la volière qui ne se trouvent pas sous les perchoirs, afin qu'elle se maintienne plus propre. On doit toujours leur donner des figues sèches, soigneusement écrasées et mêlées de farine de blé, et en assez grande quantité pour qu'il en reste. Quelques personnes mâchent ces figues et les leur présentent en cet état ; mais cette méthode n'est guère praticable quand on a beaucoup de grives, parce que le salaire des gens qu'on

pibus in hunc usum nutriti, quasi allectores sint captivorum, mœstitiamque eorum mitigent intervolando : sic enim consuescent et aquam et cibos appetere feri, si mansuetos id facere viderint. Locum æque munitum et apricum, quam columbi, desiderant : sed in eo transversæ perticæ perforatis parietibus adversis aptantur, quibus insideant, quum satiati cibo requiescere volunt. Eæ perticæ non altius a terra debent sublevari, quam hominis statura patiatur, ut a stante contingi possint. Cibi ponuntur fere partibus his ornithonis, quæ super se perticas non habent, quo mundiores permaneant ; semper autem arida ficus, diligenter pinsita et permixta polline, præberi debet, tam large quidem, ut supersit. Hanc quidam mandunt, et ita objiciunt ; sed istud in majore numero facere vix expedit, quia nec parvo conducuntur, qui mandunt, et ab iis ipsis ali-

emploie à mâcher n'est pas bon marché, et qu'ils mangent une partie de ces fruits, qui plaisent par leur saveur. Beaucoup de personnes pensent que, pour prévenir le dégoût chez les grives, il est bon de varier leur nourriture. Ainsi on leur offre des graines de myrte et de lentisque, des fruits d'olivier sauvage, des baies de lierre et aussi des arbouses. En effet, les grives recherchent dans les champs ces aliments, bien propres aussi, dans les oiselleries, à prévenir leur dégoût et même à exciter leur appétit : c'est un grand avantage, car plus elles mangent, plus vite elles engraissent. En même temps on tient toujours près d'elles des augets remplis de millet, qui est leur aliment le plus confortable ; car on ne leur donne les fruits dont nous avons parlé que comme un mets d'assaisonnement. Les vases dans lesquels on leur fournit une eau

quantum propter jucunditatem consumitur. Multi varietatem ciborum, ne unum fastidiant, præbendam putant : ea est, quum objiciuntur myrti et lentisci semina ; item oleastri, et hederaceæ baccæ, nec minus arbuti : fere enim etiam in agris ab ejusmodi volucribus hæc appetuntur, quæ in aviariis quoque desidentium deterget fastidia, faciuntque avidiorem volaturam, quod maxime expedit : nam largiore cibo celerius pinguescit. Semper tamen etiam canaliculi milio repleti apponuntur, quæ est firmissima esca : nam illa, quæ supra diximus, pulmentariorum vice dantur. Vasa, quibus recens et munda præbeatur aqua, non dissimilia sint gallinariis.

Hæc impensa curaque M. Terentius ternis sæpe denariis singulos emptitatos esse significat avorum temporibus, quibus qui triumphabant, populo dabant epulum. At nunc ætatis nostræ luxuries quotidiana fecit hæc pretia : propter quæ ne rusticis quidem contemnendus sit hic reditus.
(Lib. VIII, cap. X.)

Columelle aurait encore pu ajouter les baies de genièvre, dont la grive est très-friande, et qui parfume agréablement sa chair. On leur attribue la délicatesse exquise de la grive des Apennins, surtout aux environs de Spolète, où abondent à la fois et ces oiseaux, et un genévrier de grande espèce, dont la baie a presque la couleur et la grosseur d'une

fraîche et propre ne diffèrent pas de ceux du poulailler.

« Marcus Terentius Varron assure que, du temps de ses aïeux, chacun de ces oiseaux, nourris comme nous venons de le prescrire, fut souvent vendu trois deniers (environ 2 francs 40 centimes) , quand les triomphateurs voulaient donner un repas au peuple. Maintenant, le luxe de notre époque a rendu ce prix fort commun, aussi est-ce un revenu que les campagnards eux-mêmes ne doivent pas dédaigner. »

En terminant ces extraits, beaucoup trop incomplets, des agronomes latins, je ne saurais me dissimuler les imperfections nombreuses de mon travail; mais je prie mes lecteurs de vouloir bien se rappeler qu'en metttant ici sous leurs yeux quelques fragments des ouvrages agronomiques de Caton, de Varron, de Cassius Dionysius, de Columelle, de Pline et de Palladius, je n'avais d'autre but que celui de leur inspirer le désir de remonter eux-mêmes aux sources originales. Ils reconnaîtront ainsi qu'on peut toujours dire, même de nos jours, comme au temps de Columelle : *« Quelles que soient les diffé-* « *rences entre les temps anciens et l'époque actuelle, par rap-* « *port aux préceptes d'agriculture et à leur application, cette* « *considération ne doit pas éloigner de leur étude celui qui veut* « *s'instruire ; car nous trouverons, chez les anciens, beaucoup* « *plus de choses à approuver qu'à réfuter*[1]. »

petite cerise. Il se fait encore, de notre temps, beaucoup d'envois de cette grive à Rome, en hiver.

[1] Quæcumque sint quæ propter disciplinam ruris nostrorum temporum cum priscis discrepant, non deterrere debent a lectione discentem ; nam multo plura reperiuntur apud veteres quæ nobis probanda sint; quam quæ repudianda. (Columella, *de Re rustica*).

RECHERCHES EXPERIMENTALES

SUR

LE POIDS DE LA GRAINE DE COLZA

QUI A ÉTÉ MOUILLÉE

I. — *Considérations générales.*

Le commerce de graines oléagineuses, et celui de la graine de colza en particulier, peut donner lieu, quelquefois, à des fraudes et à des contestations fondées sur la proportion d'eau que contient la graine marchande, et dont une partie peut y avoir été introduite frauduleusement, en vue d'en faire augmenter simultanément le volume et le poids.

La facilité avec laquelle on peut faire absorber de l'eau à cette graine, au moyen de certains tours de main faciles à réaliser, permet aux gens de mauvaise foi de se livrer à ces déloyales pratiques, plus fréquentes et plus nombreuses qu'on ne le pense généralement.

Ces manœuvres sont bien connues des marchands, mais, comme il n'est pas toujours facile d'en apprécier les effets à première vue, il en résulte, sur certains marchés où on les sait plus fréquentes, une fâcheuse incertitude qui peut contribuer à déprécier d'une manière notable la marchandise loyale, en favorisant parfois involontairement la marchandise fraudée.

Il est, enfin, certaines années pluvieuses où la graine a été mouillée plusieurs fois par l'eau atmosphérique avant de pouvoir être battue et rentrée au grenier.

J'ai pensé qu'il pouvait y avoir quelque intérêt pratique à étudier comparativement, comme je l'avais déjà fait pour le blé [1], les variations de poids qu'éprouve l'hectolitre de graine, suivant les proportions d'humidité qu'elle contient ou qu'elle a pu antérieurement contenir, soit naturellement, soit par un mouillage pratiqué après son dépôt dans les magasins.

Les expériences dont je vais rendre compte ci-après ont été faites sur de la graine récoltée en 1862, et conservée jusqu'au commencement de décembre dans de bonnes conditions moyennes de siccité. Ces expériences, quelque nombreuses qu'elles soient, ne doivent être considérées que comme un essai dont les résultats ne peuvent fournir que des renseignements approximatifs, susceptibles de modifications par la diversité des conditions de qualité ou de nature de la graine. Telles qu'elles sont, cependant, elles m'ont paru capables de fournir quelques documents nouveaux que je m'empresse de soumettre à l'appréciation bienveillante de mes confrères.

J'ai constaté d'abord qu'il est bien difficile de dépouiller entièrement la graine des dernières traces d'humidité qu'elle

[1] Bulletin de la Société d'agriculture de Caen, année 1862, page 265.

contient, si elle n'est pas moulue et divisée préalablement; c'est peut-être à cette circonstance qu'il convient d'attribuer en partie ce premier résultat général, qu'à l'état normal la graine dont je me suis servi, conservée depuis cinq mois dans un grenier bien sec, au second étage, contenait une proportion d'eau notablement plus élevée que celle qu'on a généralement attribuée jusqu'à ce jour à la graine de colza. Peut-être conviendrait-il d'attribuer aussi une partie de cet excédant à notre climat de Normandie, car j'avais déjà observé depuis longtemps un résultat semblable sur le blé, qui contient ici environ deux pour cent d'humidité de plus que la proportion indiquée par la plupart des expérimentateurs pour les blés fournis soit par les départements méridionaux, soit même par les départements qui constituent ce qu'on appelait autrefois le pays de France.

Un mot maintenant sur la manière dont les expériences ont été conduites.

II. — *Détermination du poids de l'hectolitre.*

Cette détermination présente quelques difficultés pratiques, résultant du tassement de la graine. Ce tassement lui-même n'est pas en rapport avec la violence des secousses au moyen desquelles on peut essayer de le produire dans le vase qui contient la graine de colza.

L'expérience m'a prouvé, en effet, qu'on obtient un tassement plus complet, qu'on parvient à faire entrer, dans une capacité donnée, un plus grand nombre de graines, par une série de petites secousses que par des secousses très-fortes ; de telle sorte que si, après avoir fait entrer dans un vase de capacité déterminée, au moyen de petites secousses assez long-temps répétées, de la graine *jusqu'à refus*, on produit sur le vase, *dans le même sens,* des secousses beaucoup plus fortes, la graine se desserre, et *le volume augmente* d'une manière no-table [1].

On s'expliquera sans peine, par ce qui précède, comment il peut se présenter parfois certaines difficultés entre le vendeur et l'acheteur, au sujet de la mesure, pendant la livraison. Par exemple, certains industriels exigent que la livraison se fasse chez eux, et font le mesurage dans leurs magasins, aux étages supérieurs ; mais ces magasins, souvent ébranlés par les puis-santes machines de l'usine, produisent des tassements par suite desquels le cultivateur, après avoir fait bonne et loyale mesure au départ, ne retrouve plus son compte à l'usine.

Tous mes mesurages ont été faits au moyen d'une carafe en verre d'un litre portant, gravé circulairement autour de son col, un trait qui permettait d'apprécier avec exactitude des différences de volume de moins d'un demi-millilitre $\left(\frac{1}{2000}\right)$.

La détermination des poids a été faite dans deux conditions bien distinctes :

[1] Il est à peine nécessaire de faire observer ici que les secousses dont il s'agit doivent venir du fond ou de la partie inférieure de la mesure ; car, lorsque la graine a déjà subi un tassement notable, on peut toujours la détasser et augmenter son volume en frappant sur le dessus de la me-sure tenue en suspension, de même qu'en frappant sur un verre contenant du champagne qui a cessé de mousser, on détermine un nouveau déga-gement de gaz en tenant le verre d'une main et frappant sur son ouverture avec la paume de l'autre main.

1° Sur des volumes mesurés *sans tassement,* ou du moins avec le moindre tassement possible, par suite des précautions prises pendant l'introduction de la graine dans la mesure ;

2° Sur des volumes mesurés *avec le plus grand tassement possible* obtenu au moyen de petites secousses répétées jusqu'à ce que, sous l'influence des dernières, il ne fût plus possible de faire entrer dans la mesure une nouvelle quantité de graines.

Chacune de ces déterminations était répétée deux fois, et l'on a pris, pour chaque série, la moyenne des deux résultats ainsi obtenus [1].

Je m'étais figuré, *à priori,* que les déterminations faites dans le cas d'un tassement jusqu'à refus seraient plus concordantes que celles dans lesquelles on évitait le tassement avec le plus grand soin ; mais l'expérience, comme on le verra bientôt, est venue démentir cette prévision, en montrant qu'en général c'est l'inverse qui a lieu.

III. — *Composition de la graine employée.*

Je me suis constamment servi, dans toutes les expériences, de graine prise sur un même tas, provenant de la récolte d'un

[1] Lorsque la graine était sèche et encore chaude, après l'étuvage, et qu'on achevait le tassement par petites secousses, on a souvent observé un phénomène électrique dont nous croyons devoir dire un mot ici. Les dernières graines, remuées et agitées par les secousses dans le col de la carafe, bien sèche elle-même, s'y promenaient capricieusement contre l'action de la pesanteur et restaient momentanément attachées au verre, comme si elles eussent été retenues par une invisible toile d'araignée.

même champ, afin d'éviter, autant qu'il était possible, l'influence de causes étrangères à celles dont je me proposais d'étudier les effets.

Pour mieux définir encore la graine dont il est ici question, j'en vais donner la composition, au début des expériences :

Humidité par kilogramme . . . . 105 gr.

Matière sèche. 895

Composition de la graine sèche

Huile 453,63

Matières organiques diverses, non compris
l'azote combiné 470,93

Azote 33,37

Acide phosphorique 15,30

Chaux 13,08

Potasse 8,03

Soude. 0,69

Magnésie, oxyde de fer et substances diverses

non dosées 4,97

Total. . . . . 1000 gr.

Poids du litre

Tassé { 1re épreuve, 731 grammes { moyenne, 730 gr.
       { 2e épreuve, 729

Non { 1re épreuve, 683 { moyenne, 682
tassé { 2e épreuve, 681

IV. — *Première série d'expériences.*

TREMPAGE DE LA GRAINE.

On a mis à tremper, dans de l'eau froide, à douze degrés, pendant une heure et demie, un kilogramme de la graine dont il vient d'être question, et que nous désignerons toujours, par la suite, sous le nom de *graine normale*. Cette graine trempée, mise d'abord à égoutter sur un grand tamis de crin peu serré, a été ensuite portée, sur ce tamis, dans une chambre du premier étage ; on l'a remuée de temps en temps, pour en faciliter la dessiccation lente, et pour rendre cette dernière aussi uniforme que possible. Au bout de vingt-six heures, la graine était assez coulante pour être soumise à des pesées régulières.

De nouvelles pesées, faites ensuite successivement, à quelques jours d'intervalle, faisaient connaître le nouveau poids total, le poids du litre, tassé ou non tassé, ainsi que le volume apparent, dans chacun de ces états successifs de la graine contenant des proportions d'eau de moins en moins considérables.

Lorsque la graine cessait de diminuer de poids par la dessiccation spontanée, on la soumettait à un étuvage graduel très-modéré d'abord, puis à des températures successivement croissantes, dont la plus élevée pouvait aller jusqu'à soixante-cinq à soixante-dix degrés. Pendant cet étuvage, qui durait plusieurs jours, on effectuait plusieurs pesées correspondant à divers états d'humidité successivement décroissants, en prenant toujours la précaution de n'effectuer chaque détermination que lorsqu'on se trouvait dans des conditions telles que le poids total n'éprouvât que des variations extrêmement lentes, afin d'obtenir la graine dans un état plus homogène.

C'est ainsi qu'ont été obtenus les résultats qui suivent :

1° *7 décembre* 1862, vingt-six heures après le trempage :

Poids total de la graine 1301 grammes.

Poids du litre *ras*,

Tassé
$\begin{cases} \text{1re épreuve, 703gr.} \\ \text{2e épreuve, 702} \end{cases}$ moyenne, 702gr,5

Non tassé
$\begin{cases} \text{1re épreuve, 625} \\ \text{2e épreuve, 626} \end{cases}$ moyenne, 625,5

2° *8 décembre.* — Poids total de la graine, 1291 grammes.

Poids du litre *ras*,

Tassé
$\begin{cases} \text{1re épreuve, 700gr.} \\ \text{2e épreuve, 698} \end{cases}$ moyenne, 699gr.

Non tassé
$\begin{cases} \text{1re épreuve, 626,5} \\ \text{2e épreuve, 624,5} \end{cases}$ moyenne, 625,5

3° *13 décembre.* — Poids total de la graine, 1226 grammes.

Poids du litre,

Tassé
$\begin{cases} \text{1re épreuve, 715gr.} \\ \text{2e épreuve, 719} \end{cases}$ moyenne, 717gr.

Non tassé
$\begin{cases} \text{1re épreuve, 625,5} \\ \text{2e épreuve, 624} \end{cases}$ moyenne, 624,75

4° *19 décembre.* — Poids total de la graine, 1170 grammes.

Poids total du litre,

Tassé { 1re épreuve, 710gr.5 / 2e épreuve, 711 } moyenne, 710gr.75

Non tassé { 1re épreuve, 621 / 2e épreuve, 620 } moyenne, 620,5

5° *31 décembre.* — Poids total de la graine, 1094gr.5.

Poids du litre,

Tassé { 1re épreuve, 708gr.5 / 2e épreuve, 706,5 } moyenne, 707gr.5

Non tassé { 1re épreuve, 623,5 / 2e épreuve, 622 } moyenne, 622,75

6° *5 janvier* 1863. — Poids total de la graine, 1064 grammes.

Poids du litre,

Tassé { 1re épreuve, 705gr.5 / 2e épreuve, 701 } moyenne, 703gr.25

Non tassé { 1re épreuve, 624 / 2e épreuve, 626,5 } moyenne, 625,25

7° *6 janvier.* — Poids total de la graine, 1059gr.5.

Poids du litre,

Tassé { 1re épreuve, 703gr. / 2e épreuve, 701,5 } moyenne, 702,25

Non tassé { 1re épreuve, 623 / 2e épreuve, 627 } moyenne, 625

8° *7 janvier*. — Poids total de la graine, après un très-léger étuvage, 985 grammes.

Poids du litre,

Tassé { 1re épreuve, 715gr. / 2e épreuve, 714,5 } moyenne, 714gr,75

Non tassé { 1re épreuve, 639,5 / 2e épreuve, 642,5 } moyenne, 641

9° *8 janvier*. — Après un nouvel étuvage à une température un peu plus élevée, poids total de la graine, 955gr,5.

Poids du litre,

Tassé { 1re épreuve, 720gr,5 / 2e épreuve, 721,5 } moyenne, 721gr.

Non tassé { 1re épreuve, 651 / 2e épreuve, 646,5 } moyenne, 648,25

10° *9 janvier*. — Après un nouvel étuvage, poids total, 938 grammes.

Poids du litre,

Tassé { 1re épreuve, 729gr. / 2e épreuve, 726,5 } moyenne, 727gr,75

Non tassé { 1re épreuve, 654 / 2e épreuve, 653,5 } moyenne, 653,75

11° *11 janvier*. — Après un nouvel et plus énergique étuvage, poids total, 926gr,75.

Poids du litre,

Tassé { 1re épreuve, 722gr,5 / 2e épreuve, 723,5 } moyenne, 723gr.

Non tassé { 1re épreuve, 652 / 2e épreuve, 651,5 } moyenne, 651,75

12° Le surlendemain, le poids total s'était élevé à 944 gr., par suite de l'abandon de la graine dans une chambre très-sèche, qui avait pu, néanmoins, lui fournir en quarante-huit heures environ 2 pour 100 d'humidité, et l'on obtenait, pour le poids du litre tassé, 726 grammes, non tassé, 649 grammes 5.

On peut résumer de la manière suivante les résultats obtenus dans cette première série d'expériences :

| | Pour un kilogramme de graine primitive. | | Poids du litre. | |
	Eau (gr.)	mat. sèche. (gr.)	Tassé (gr.)	non tassé (gr.)
Graine normale.	105	895	732	682
1.	406	895	702,5	625,5
2.	396	id.	699	625,5
3.	331	id.	717	624,7
4.	275	id.	710,7	620,5
5.	199,5	id.	707,5	622,7
6.	170	id.	703,2	625,2
7.	164,5	id.	702,2	625
8.	90	id.	714,7	641
9.	60,5	id.	721	648,2
10.	43,3	id.	727,7	653,7
11.	34,7	id.	723	654,7
12.	49	id.	726	649,5

Parmi les faits généraux qui paraissent résulter de cette première série d'expériences, nous signalerons d'abord, en passant, la différence presque constante, d'environ douze pour cent, qui existe entre le poids du litre de graine tassée et celui de la graine non tassée. Cette différence de poids, plus grande d'environ cinquante pour cent que lorsqu'il s'agit de la graine normale primitive, paraît presque indépendante de la proportion d'humidité contenue dans la graine.

On a calculé, au moyen des données qui précèdent :

1° Les *volumes apparents* occupés par un kilogramme de graine tassée ou non tassée, à ces divers degrés d'humidité, en prenant pour unité le volume occupé par un litre de graine normale primitive ;

2° Les poids de *matière sèche réelle* contenue dans un litre de graine tassée ou non tassée. Les résultats de ces divers calculs, fort simples d'ailleurs, sont consignés dans le tableau ci-après :

NUMÉROS des Expériences.	VOLUME APPARENT d'un kilogramme de graine		POIDS DE MATIÈRE SÈCHE RÉELLE contenue		
	Tassée.	Non tassée.	Dans un kil. de graine.	Dans un litre tassé.	Dans un litre non tassé.
	lit.	lit.	gr.	gr.	gr.
Graine normale	1,369	1,466	895	653	610
1	1,862	2,096	688	483	430
2	1,847	2,066	693	484	433
3	1,710	1,962	730	523	456
4	1,646	1,885	765	544	475
5	1,547	1,757	818	579	509
6	1,514	1,703	840	591	525
7	1,509	1,700	845	593	528
8	1,378	1,536	909	650	583
9	1,325	1,477	937	676	607
10	1,289	1,435	954	694	624
11	1,282	1,422	966	698	630
12	1,300	1,453	947	687	615

Nous aurons, un peu plus tard, l'occasion de revenir sur les conséquences qu'il est permis de tirer des résultats fournis par cette première série d'expériences.

V. — 2ᵉ *Série d'expériences.*

MOUILLAGE DE LA GRAINE A L'EAU FROIDE PAR VOIE D'ARROSEMENT.

Après avoir placé, sur un grand tamis de crin, un kilogramme de graine normale, on y a fait couler, pendant une demi-minute, un jet d'eau épanoui, à 12 degrés centigrades, en remuant constamment la graine pour lui faire présenter successivement toutes ses faces au jet d'eau froide. Après avoir fait égoutter la graine pendant un quart d'heure, on a placé le tamis sur un banc, dans une grande salle au rez-de-chaussée, et la graine fut remuée souvent pour rendre plus régulière et plus uniforme sa dessiccation lente et spontanée.

1º Vingt-sept heures après, la graine était assez coulante pour être pesée, et elle donnait les résultats suivants :

Poids total. . . . . 1177 gr. 5
Poids du litre tassé. 710,5

2º Après ces pesées, la graine a été soumise à un second mouillage, en prenant les mêmes précautions que pour le premier.

Vingt-huit heures après, on a obtenu :

Pour le poids total, 1336 grammes ;

Pour le poids du litre :

$$
\text{Tassé}
\begin{cases}
\text{1re épreuve, 697gr.} \\
\text{2e épreuve, 703}
\end{cases}
\text{moyenne, 700gr.}
$$

$$
\text{Non tassé}
\begin{cases}
\text{1re épreuve, 618} \\
\text{2e épreuve, 618}
\end{cases}
\text{moyenne, 618}
$$

J'ai voulu essayer de soumettre cette même graine à un troisième mouillage, immédiatement après les pesées dont il vient d'être question, mais le lendemain la graine était germée, ce qui n'a pas permis de pousser plus loin cette série d'observations.

VI. — 3e *Série d'expériences.*

MOUILLAGE DE LA GRAINE A L'EAU FROIDE PAR VOIE D'ARROSEMENT.

1° Vingt-six heures après un premier mouillage fait dans les mêmes conditions que celui de la deuxième série, la graine était assez coulante pour être pesée.

Poids total de la graine, 1145 grammes.

Poids du litre :

$$
\text{Tassé}
\begin{cases}
\text{1re épreuve, 721gr.} \\
\text{2e épreuve, 720,5}
\end{cases}
\text{moyenne, 720,75}
$$

$$
\text{Non tassé}
\begin{cases}
\text{1re épreuve, 639} \\
\text{2e épreuve, 637,5}
\end{cases}
\text{moyenne, 638,75}
$$

2° Vingt-sept heures après un second mouillage, suivi d'une dessiccation partielle spontanée, facilitée par de fréquents retournements de la graine, on a trouvé pour celle-ci :

Poids total, 1348 grammes.

6° Une nouvelle série de pesées, faite le 6 janvier 1863, a donné pour le poids total, 1920gr.5.

Poids du litre.

Tassé { 1re épreuve, 693gr.5 / 2e épreuve, 689,5 } moyenne, 691gr.5

Non tassé { 1re épreuve, 614 / 2e épreuve, 614 } moyenne, 614

3° Quarante-huit heures plus tard, le 13 décembre 1862, le poids total était descendu à 1279 grammes.

Poids du litre.

Tassé { 1re épreuve, 703gr. / 2e épreuve, 707 } moyenne, 705gr.

Non tassé { 1re épreuve, 617 / 2e épreuve, 615,5 } moyenne, 616gr.25

4° Le 19 décembre, après six jours d'exposition dans un grenier sur le tamis, le poids total de la graine se réduit à 1179gr.5.

Poids du litre,

Tassé { 1re épreuve, 707gr. / 2e épreuve, 703,5 } moyenne, 705gr.25

Non tassé { 1re épreuve, 617 / 2e épreuve, 615,5 } moyenne, 616gr.25

5° Le 31 décembre, on obtenait pour le poids total de la graine 1055gr.5 ;

Et pour le poids du litre,

Tassé { 1re épreuve, 703gr. / 2e épreuve, 697,5 } moyenne, 700gr.25

Non tassé { 1re épreuve, 620 / 2e épreuve, 617,5 } moyenne, 618,75

6° Une nouvelle série de pésées, faite le 5 *janvier* 1863, a donné pour le poids total, 1020^{gr}.5;

Et pour le poids du litre,

$$\text{Tassé} \begin{cases} \text{1}^{re} \text{ épreuve, 702}^{gr} \\ \text{2}^{e} \text{ épreuve, 698} \end{cases} \text{moyenne, 700}^{gr}$$

$$\text{Non tassé} \begin{cases} \text{1}^{re} \text{ épreuve, 624}^{gr}\text{.5} \\ \text{2}^{e} \text{ épreuve, 626,5} \end{cases} \text{moyenne, 725,5}$$

7° Le 6 *janvier*, on obtenait, après un étuvage très-modéré, poids total, 948 grammes;

Poids du litre,

$$\text{Tassé} \begin{cases} \text{1}^{re} \text{ épreuve, 717}^{gr} \\ \text{2}^{e} \text{ épreuve, 716} \end{cases} \text{moyenne, 716}^{gr}\text{.5}$$

$$\text{Non tassé} \begin{cases} \text{1}^{re} \text{ épreuve, 643} \\ \text{2}^{e} \text{ épreuve, 645} \end{cases} \text{moyenne, 644}$$

8° Après qu'on eut remis la graine à l'étuve jusqu'au lendemain, le poids total s'est réduit à 940 grammes 5.

Et on obtint pour le poids du litre,

$$\text{Tassé} \begin{cases} \text{1}^{re} \text{ épreuve, 725}^{gr} \\ \text{2}^{e} \text{ épreuve, 724} \end{cases} \text{moyenne, 724}^{gr}\text{.5}$$

$$\text{Non tassé} \begin{cases} \text{1}^{re} \text{ épreuve, 650,5} \\ \text{2}^{e} \text{ épreuve, 649,5} \end{cases} \text{moyenne, 650}$$

9° Après un nouvel étuvage un peu plus énergique, on a obtenu, pour le poids total, 930 grammes.

Poids du litre,

Tassé { 1re épreuve, 724gr. 5 / 2e épreuve, 724,5 { moyenne, 724gr. 5

Non tassé { 1re épreuve. 652,5 / 2e épreuve, 650,5 { moyenne, 651,5

10° Enfin, un dernier étuvage a réduit à 923 grammes le poids total de la graine,

Et l'on a obtenu, pour le poids du litre,

Tassé { 1re épreuve, 719gr. / 2e épreuve, 715 { moyenne, 717gr.

Non tassé { 1re épreuve, 651 / 2e épreuve, 653,5 { moyenne, 652,5

11° Abandonnée jusqu'au lendemain dans un lieu *sec*, la graine avait absorbé 10 grammes d'humidité (un p. 100), ce qui élevait son poids total à 933 grammes.

Et le poids du litre était devenu :

Tassé, 744 grammes; non tassé, 649 grammes 5.

Les expériences précédentes suffiraient pour nous faire comprendre avec quelle facilité la graine de colza peut absorber de l'eau, et avec quelle rapidité elle peut acquérir ensuite de la *main*, tout en conservant une partie de cette eau absorbée. Mais ce n'est pas ainsi que procèdent habituellement les gens qui se proposent de faire la fraude. C'est le plus souvent un mouillage à l'*eau chaude* qui se pratique, au moyen d'un

arrosage à l'eau presque bouillante, accompagné d'un pelle-
tage énergique favorisant l'évaporation superficielle. Des pel-
letages répétés, en prévenant l'échauffement de la graine,
peuvent ensuite lui donner une apparence de siccité capable
de tromper beaucoup d'acheteurs.

J'ai cru devoir soumettre à un mouillage de ce genre un
nouvel échantillon de la même graine, afin d'en étudier ensuite les variations de poids et de volume, dans des conditions
déterminées.

VII. — 4e série d'expériences.

MOUILLAGE DE LA GRAINE À L'EAU CHAUDE, PAR VOIE D'ARROSEMENT.

Un kilogramme de graine normale a été arrosé pendant
une demi-minute, avec de l'eau dont la température s'élevait
à 78 degrés environ, et la graine, pendant le mouillage et pendant la première heure qui a suivi cette opération, a été fréquemment remuée sur un tamis de crin assez grand pour
qu'elle n'y formât qu'une couche mince.

On put facilement observer que la surface de la graine se
sécha beaucoup plus rapidement qu'après le mouillage à l'eau
froide. Au bout de vingt-quatre heures de séjour sur le tamis,
dans une chambre sèche et close, la graine a fourni les résultats suivants :

2 janvier 1868. — Poids total, 1233 grammes.

Non tassé { 1re épreuve, 630 ; 2e épreuve, 628 } moyenne, 629

2o 23 *janvier*. — Poids total, 1202gr. 5.

Poids du litre :

Tassé { 1re épreuve, 706 ; 2e épreuve, 709 } moyenne, 707gr.5

Non tassé { 1re épreuve, 631 ; 2e épreuve, 627,5 } moyenne, 629,75

3o 24 *janvier*. — Poids total, 1182gr. 5.

Poids du litre :

Tassé { 1re épreuve, 710gr. ; 2e épreuve, 708 } moyenne, 709r

Non tassé { 1re épreuve, 630,5 ; 2e épreuve, 628 } moyenne, 629,75

4o 26 *janvier*. — Poids total, 1153gr.

Poids du litre :

Tassé { 1re épreuve, 708gr. ; 2e épreuve, 707,5 } moyenne, 707,75

Non tassé { 1re épreuve, 628 ; 2e épreuve, 626,5 } moyenne, 627,25

5o 28 *janvier*. — Après un très léger étuvage, poids total, 997gr. 5.

Poids du litre :

Tassé { 1re épreuve, 714 ; 2e épreuve, 712 } moyenne, 713gr.

— 106 —

Non tassé { 1re épreuve, 639 { moyenne, 641
           { 2e épreuve, 643

6° *29 janvier*. — Après un nouvel étuvage, le poids total se trouvait réduit à 960gr. 5.

Poids du litre :

Tassé   { 1re épreuve, 722gr. { moyenne, 722gr.
          { 2e épreuve, 722

Non tassé { 1re épreuve, 649,5 { moyenne, 649,5
          { 2e épreuve, 649,5

7° *30 janvier*. — Après un dernier étuvage plus énergique, poids total, 914gr. 5.

Poids du litre :

Tassé   { 1re épreuve, 720gr.   { moyenne, 722gr. 25
          { 2e épreuve, 724,5

Non tassé { 1re épreuve, 653   { moyenne, 651,5
          { 2e épreuve, 650

8° Enfin après trois jours de séjour dans une chambre froide au rez-de-chaussée, la graine avait repris 32 grammes et demi d'humidité, et son poids total s'élevait alors à 947 grammes.

Poids du litre :

Tassé   { 1re épreuve, 717gr.   { moyenne, 716gr.
          { 2e épreuve, 715

Non tassé { 1re épreuve, 644   { moyenne, 644,5
          { 2e épreuve, 645

Pour permettre de suivre plus facilement les résultats de ces diverses séries d'expériences faites sur l'influence que peut exercer le mouillage à l'eau froide ou à l'eau chaude sur le volume ou sur le poids de la graine de colza, et pour permettre entre ces résultats des rapprochements qui peuvent offrir quelque intérêt pratique, nous allons les résumer sous la forme de tableaux, comme nous l'avons déjà fait pour ceux de la première série.

Résultats obtenus par le mouillage à l'eau froide.

NUMÉROS des Observations.	EAU par kilog. de graine primitive	MATIÈRE SÈCHE par kilog. de graine primitive	POIDS DU LITRE	
			Tassé.	Non tassé.
	gr.	gr.	gr.	gr.
Graine normale.	105	895	730	682
2e série.				
1	282,5	895	710,5	non observé.
2	441,5	»	700	618
3e série.				
1	250	895	720,7	638,7
2	453	»	691,5	614
3	384	»	705	616,2
4	284,5	»	703,2	616,2
5	160,5	»	700,2	618,7
6	125,5	»	700	625,5
7	53	»	716,5	644
8	45,5	»	724,5	650
9	35	»	724,5	651,5
10	28	»	717	652,5
11	38	»	714	649,5

On a également calculé, aux divers degrés de mouillage par l'eau froide, soit à l'eau chaude, les poids de matière sèche réelle comptant à ces divers états, dans un litre de graine, tassée ou non tassée.

NUMÉROS des Observations.	EAU par kilog. de graine primitive	MATIÈRE SÈCHE par kilog. de graine normale.	POIDS DU LITRE	
			Tassé.	Non tassé.
	gr.	gr.	gr.	gr.
Graine normale.	105	895	720	682
1	338,5	895	703	629
2	307,5	»	707,5	629,7
3	287,5	»	709	629,7
4	258	»	707,7	627,2
5	102,5	»	710	644
6	65,5	»	722	649,5
7	19,5	»	722,5	651,5
8	52	»	716	644,5

Nous avions calculé, à la suite de la première série d'expérience, les *volumes apparents* successivement occupés par un kilogramme de graine, à ces divers degrés d'humidité correspondant à chaque observation. Dans ces calculs, effectués séparément pour la graine tassée et pour la graine non tassée, on avait pris pour unité le volume occupé, dans chacune de ces deux conditions, par un kilogramme de graine prise à l'état normal. On trouvera ci-après, le résultat de calculs semblables déduits des trois séries d'expériences faites sur la graine mouillée par arrosement, soit à l'eau froide, soit à l'eau chaude. On a également calculé, au moyen des données fournies par l'expérience, les *poids de matière sèche réelle* contenue à ces divers états, dans un litre de graine, tassée ou non tassée.

Mouillage à l'eau froide.

NUMÉROS des Observations	VOLUME APPARENT d'un kilogramme de graine		POIDS DE MATIÈRE SÈCHE RÉELLE		
	Tassée.	Non tassée.	dans un kil. de graines.	dans un lit. tassé.	dans un lit. non tassé.
Graine normale	1,369	1,466	895	653	610
1re série.					
1	1,657	[illegible]	760	540	[illegible]
2	1,909	2,162	669	468	413
2e série.					
1	1,588	1,792	782	563	499
2	1,950	2,195	665	460	408
3	1,814	2,079	700	493	431
4	1,672	1,914	759	533	468
5	1,507	1,706	848	594	525
6	1,458	1,631	877	614	549
7	1,323	1,472	944	676	608
8	1,298	1,447	952	690	619
9	1,284	1,427	962	697	627
10	1,287	1,414	970	695	633
11	1,307	1,436	958	685	623

Mouillage à l'eau chaude.

NUMÉROS des Observations	VOLUME APPARENT d'un kilogramme de graine		POIDS DE MATIÈRE SÈCHE RÉELLE		
	Tassée.	Non tassée.	dans un kil. de graines.	dans un lit. tassé.	dans un lit. non tassé.
Graine normale	1,369	1,466	895	653	610
1	1,753	1,960	725	510	455
2	1,700	1,909	744	526	469
3	1,661	1,878	767	536	477
4	1,633	1,838	776	557	487
5	1,397	1,556	897	640	575
6	1,330	1,479	932	673	605
7	1,273	1,403	979	707	638
8	1,319	1,469	945	677	609

J'ai pensé qu'il pourrait être utile de dresser quelques tableaux indiquant les variations de poids de l'hectolitre de graine en rapportant, dans chaque série d'expériences, la proportion d'eau à un poids constant de 100 kilogrammes. On trouvera ci-après, pour chaque série, les résultats calculés par centièmes d'humidité depuis trois ou quatre pour cent (limite au-dessous de laquelle on n'arrive jamais dans la pratique usuelle), jusqu'à dix pour cent : les intervalles sont moins rapprochés au-dessus de dix pour cent d'humidité, parce qu'on sort également alors des limites ordinaires de l'humidité normale.

Première Série.

Après un trempage d'une heure et demie dans l'eau froide.

Proportion d'eau pour 100.	GRAINE TASSÉE.		GRAINE NON TASSÉE.	
	Poids de l'hectolitre.	Matière sèche dans un hectolitre.	Poids de l'hectolitre.	Matière sèche dans un hectolitre.
	kil.	kil.	kil.	kil.
30	70,45	49,31	62,54	43,78
25	71,34	53.50	62,43	46,82
20	70,86	56,25	62,20	49,76
15	70,32	59,77	62,50	53,16
12	70,90	62,39	63,38	55,77
10	71,30	64,17	63,88	57,49
9	71,45	65,02	64,08	58,28
8	71,72	65,98	64,38	59,23
7	71,94	66,90	64,64	60,12
6	72,27	67,93	64,92	61,02
5	72,61	68,08	65,24	61,07
4	72,70	69,71	65,34	62,73
3	72,46	70,29	65,24	63,28
Graine considérée à l'état normal primitif.				
10,5	73,20	65,51	68,20	61,04

Deuxième Série.

Après mouillage à l'eau froide.

Proportion d'eau pour 100.	GRAINE TASSÉE.		GRAINE NON TASSÉE.	
	Poids de l'hectolitre.	Matière sèche dans un hectolitre.	Poids de l'hectolitre.	Matière sèche dans un hectolitre.
	kil.	kil.	kil.	kil.
35	70,16	45,62	61,8	40,17
30	70,58	49,41	»	»
25	70,97	53,23	»	»

Troisième Série.

Après mouillage à l'eau froide.

Proportion d'eau pour 100.	GRAINE TASSÉE.		GRAINE NON TASSÉE.	
	Poids de l'hectolitre.	Matière sèche dans un hectolitre.	Poids de l'hectolitre.	Matière sèche dans un hectolitre.
20	72,50	58,00	64,27	51,42
25	71,29	53,47	63,26	47,44
30	70,07	49,05	62,25	43,57
35	68,86	44,76	61,13	39,73
30	70,50	49,35	61,61	43,13
25	70,52	52,89	61,62	46,21
20	70,25	56,20	61,75	49,41
15	70,02	59,52	61,92	52,63
12	70,09	61,68	62,64	55,12
10	70,57	63,51	63,17	56,85
9	70,81	64,44	63,47	57,76
8	71,05	65,37	63,74	58,64
7	71,29	66,30	64,05	59,57
6	71,54	67,25	64,29	60,43
5	72,25	68,64	64,85	61,61
4	72,45	69,59	65,12	62,52
3	71,70	69,55	65,25	63,29
4	71,42	68,56	64,95	62,35

Graine considérée à l'état normal primitif.

Proportion d'eau pour 100.	GRAINE TASSÉE.		GRAINE NON TASSÉE.	
10,5	73,20	65,51	68,20	61,04

Proportion d'eau pour 100.	GRAINE TASSÉE.		GRAINE NON TASSÉE.	
	Poids de l'hectolitre.	Matière sèche dans un hectolitre.	Poids de l'hectolitre.	Matière sèche dans un hectolitre.
	kil.	kil.	kil.	kil.
30	69,37	48,59	62,84	43,97
25	70,66	52,99	62,87	47,15
20	70,98	56,78	63,22	50,58
15	71,12	60,45	63,63	54,09
12	71,23	62,68	63,93	56,26
10	71,38	64,24	64,03	57,63
9	71,63	65,18	64,42	58,02
8	71,89	66,14	64,65	59,48
7	72,15	67,10	64,91	60,40
6	72,19	67,86	64,95	61,05
5	72,21	68,60	64,99	61,74
4	72,23	69,34	65,04	62,34
3	72,24	70,07	65,10	63,15
2	72,25	70,80	65,15	63,85
1	71,50	67,92	64,66	61,43
Graine considérée à l'état normal primitif.				
	73,20	65,51	68,20	61,04

Résumé et conclusions.

L'étude des variations de poids que peut éprouver l'hecto-litre de graine de Colza, suivant les proportions diverses d'humidité que renferme cette graine, et la comparaison de ces variations de poids avec la variation des quantités de graine *sèche réelle* correspondantes, offrent peut-être encore plus d'intérêt pratique, au point de vue de la loyauté des transactions commerciales, que lorsqu'il s'agit du blé, parce que l'appréciation courante du degré d'humidité présente quelques difficultés de plus pour le colza que pour les céréales.

L'ensemble des résultats déduits des diverses séries d'expériences dont j'ai donné précédemment les détails peut se résumer de la manière suivante :

I. *Tassement de la graine.*

1º Il existe, entre le poids de l'hectolitre de graine normale tassée le moins possible, et le poids de l'hectolitre de la même graine tassée au maximum par de petites secousses suffisamment répétées, une différence qu'on peut estimer, en moyenne, à environ 8 pour cent ;

2º Lorsque la graine a été soumise à un trempage dans l'eau froide ou à des mouillages à froid ou à chaud, puis desséchée ensuite, la différence est plus grande encore ; elle peut s'élever à 12 pour cent environ ;

3º Cette dernière différence est alors à peu près indépendante de la proportion d'humidité contenue dans la graine ;

4º Le tassement de la graine jusqu'à refus, substitué au tassement minimum, ne saurait apporter plus d'uniformité ou de sécurité dans les résultats du mesurage de la graine de colza.

[illegible]

[illegible]

1° Quand on compare, dans la graine qui a été soumise à un trempage dans l'eau froide, puis abandonnée ensuite à une germination lente, spontanée ou forcée, les variations que subissent le poids de l'hectolitre de graine tassée et celui de la matière sèche réelle qu'il représente, on trouve que, dans la série descendante des proportions d'humidité comprises entre 30 et 15 pour cent, le poids de l'hectolitre de graine n'a pas sensiblement changé, tandis que le poids de matière sèche réelle a éprouvé un accroissement de plus de 21 pour cent.

Pendant que la proportion d'humidité descend de 30 à 4 pour cent, le poids de l'hectolitre de graine tassée ne subit qu'un accroissement d'environ 3 et demi pour cent, tandis que le poids de matière sèche réelle que représente l'hectolitre, dans ces deux cas extrêmes, éprouve un accroissement de plus de 44 pour cent ;

2° Si, dans les mêmes conditions de trempage, on considère la graine qui n'a subi que le plus faible tassement possible, on trouve que, dans la série descendante des proportions d'humidité de la graine, lorsque cette proportion d'humidité passe de 30 à 15 pour cent, le poids de l'hectolitre n'éprouve que des variations insignifiantes, tandis que le poids de la matière sèche correspondante augmente de plus de 22 pour cent.

Quand la proportion d'humidité descend de 30 à 4 pour cent, le poids de l'hectolitre augmente de 3 pour cent seulement,

ment, tandis que le poids de la matière sèche qu'il représente éprouve un accroissement de plus de 43 pour cent.

3° Lorsqu'après un trempage à froid la proportion d'eau descend de 30 à 10 pour cent, *le volume apparent* occupé par une même quantité de graine normale primitive, tassée ou non tassée, diminue d'environ 23 pour cent, tandis que le poids de la matière sèche contenue dans ce même volume de graine primitive éprouve un accroissement d'un peu plus de 22 pour cent.

Quand la proportion d'eau descend de 30 à 3 pour cent, le volume apparent diminue de 45 pour cent dans la graine tassée, et de 47 pour cent dans la graine non tassée ; le poids de matière sèche contenue dans ce même volume de graine augmente de 42 pour cent dans le premier cas, et de 45 pour cent dans le second.

En somme, *les diminutions du volume apparent occupé, après un trempage à froid, par une même quantité primitive de graine normale, alors que, par une dessiccation lente et successive spontanée ou forcée, elle passe par divers états d'humidité décroissante, sont à très-peu près en raison inverse des accroissements du poids de matière sèche réelle contenue dans un même volume de graine.* Cette observation s'applique tout aussi bien à la graine tassée qu'à celle qui ne l'a pas été.

III. *Mouillage à l'eau froide.*

1° Après deux mouillages successifs à l'eau froide, à vingt-huit heures d'intervalle, suivis d'une dessiccation lente et progressive, les variations du poids de l'hectolitre de graine qui correspondent à des états hygrométriques décroissant dans des limites assez étendues, sont moins grandes pour la graine tassée que pour la graine non tassée ; ainsi, lorsque la proportion d'humidité descend de 30 à 8 pour cent, la variation du poids de l'hectolitre est insignifiante pour la graine tassée, tandis que, dans la graine non tassée, le poids de l'hectolitre éprouve une augmentation d'environ 3 et demi pour cent.

2° Le poids de la matière sèche contenue dans un volume constant de graine croît rapidement à mesure que diminue la proportion d'eau contenue dans la graine : lorsque la proportion d'eau s'abaisse de 30 à 8 pour cent, ce poids de matière sèche augmente de plus de 38 pour cent dans la graine tassée, et l'accroissement s'élève à 36 pour cent dans le cas où la graine n'a pas été tassée.

3° Le volume apparent occupé par une même quantité déterminée de graine primitive éprouve une diminution de plus de 51 pour cent dans la graine tassée, et de plus de 55 pour cent dans la graine non tassée, lorsque la proportion d'humidité descend de 34 à 3 pour cent.

Les quantités de matière sèche contenues dans un même volume de graine prise dans ces deux états varient sensiblement dans le rapport inverse, puisqu'elles augmentent d'environ 51 pour cent dans le premier cas, et de plus de 55 pour cent dans le second.

4° Lorsque la proportion d'eau descend de 34 à 15 pour cent dans la graine, le volume apparent d'une même quantité primitive de cette graine diminue de 29 et demi pour cent dans la graine tassée, et de 28,8 pour cent dans le cas de la graine non tassée.

Les quantités de matière sèche contenues dans le même volume de graine prise dans ces deux états augmentent de plus de 29 pour cent dans le premier cas, et, dans le second, l'accroissement s'élève à 28,7 pour cent.

C'est-à-dire que *la diminution du volume apparent occupé par une même masse primitive de graine normale soumise à un mouillage répété à froid, lorsque cette graine abandonne ensuite une partie de l'eau que le mouillage lui avait fait absorber, est sensiblement en raison inverse de l'augmentation de poids de la matière sèche réelle contenue dans un volume constant de graine prise dans les conditions d'humidité qui correspondent aux volumes apparents dont il vient d'être question.*

Cette observation s'applique tout aussi bien à la graine tassée qu'à celle dans laquelle on a évité le tassement avec tout le soin possible.

IV. *Mouillage à l'eau chaude.*

1° Lorsque la graine a été soumise à un mouillage à l'eau chaude, et qu'on l'examine ensuite à divers états d'humidité pendant sa dessiccation lente, on trouve que, la proportion d'humidité descendant de 30 à 5 pour cent, le poids de l'hecto-litre, tassé ou non tassé, n'éprouve qu'un accroissement d'environ 3 et demi à 4 pour cent, tandis que le poids de la matière sèche correspondante augmente de plus de 40 pour cent dans la graine tassée, et de plus de 57 pour cent dans la graine non tassée.

2° Lorsque la proportion d'humidité descend de 27 à 2 pour cent, le volume apparent occupé par une même quantité de graine primitive peut diminuer de près de 40 pour cent (graine tassée), tandis que la proportion de matière sèche augmente d'environ 40 pour cent.

Dans le cas de la graine non tassée, la diminution du volume apparent qui correspond à la *diminution* de 27 à 2 pour cent dans la proportion d'humidité, est d'environ 38 pour cent, tandis que *l'accroissement* de poids de la matière sèche contenu dans un même volume constant, est d'un peu plus de 38 pour cent.

3° Lorsque la proportion d'eau contenue dans la graine descend de 22 à 2 pour cent, la diminution du volume apparent occupé par une même masse de graine primitive, est d'environ 28 pour cent dans la graine tassée, et de 31 pour cent dans la graine non tassée; la proportion de matière sèche réelle contenue dans un volume constant augmente alors de 27 pourcent dans le premier cas, et de 31 pour cent dans le second,

C'est-à-dire que *lorsqu'une même masse de graine normale, après avoir été soumise à un mouillage à l'eau chaude, abandonne ensuite une partie de l'eau qu'elle avait absorbée pendant le mouillage, son volume apparent diminue, et cette diminution est encore sensiblement en raison inverse de l'augmentation de poids de la matière sèche réelle contenue dans un volume constant de graine prise dans les conditions d'humidité correspondant aux volumes apparents dont il vient d'être question.*

La graine tassée paraît satisfaire à cette sorte de règle générale aussi bien que la graine dans laquelle on a évité avec soin le tassement.

De l'ensemble de toutes ces observations il résulte :

1º Que la graine naturelle de colza, sous l'influence d'un trempage, d'un mouillage à l'eau froide ou à l'eau chaude, se gonfle et éprouve un accroissement de volume d'autant plus considérable qu'on lui a fait absorber une quantité d'humidité plus grande ;

2º Qu'elle conserve encore, en revenant à son état primitif d'humidité, une partie très-notable de cet excédant de volume, et que, par suite, de deux hectolitres de la même graine, dont un serait resté à l'état naturel, et dont l'autre, après avoir été trempé ou mouillé, serait ramené à son état initial d'humidité, le dernier pèserait moins que le premier ;

3º Que si, dans une hectolitre de graine à divers états de siccité, les quantités de matière sèche réelle sont, en général, d'autant plus considérables que la graine elle-même contient moins d'humidité, il n'existe aucun rapport facile à saisir entre le poids de l'hectolitre et celui de la matière sèche réelle correspondante ;

4º Qu'il n'est pas permis, d'ailleurs, de comparer entre elles, sous ce rapport, la graine normale et celle qui a été soumise à un mouillage quelconque ;

5º Que l'achat à la mesure de la graine de colza peut donner lieu à de très-notables chances d'erreur ;

6º Qu'il en est de même de l'achat au poids ;

7° Que la combinaison des deux modes d'évaluation ne suf-
firait pas toujours pour compenser les défauts de chacun d'eux,
et qu'il importerait souvent d'ajouter, à l'estimation du poids
brut et à l'appréciation de la qualité apparente de la graine,
des renseignements un peu plus précis sur son état hygromé-
trique réel, renseignements que les hommes les plus experts
ne sauraient fournir à première vue avec une assez rigoureuse
exactitude.

Comme, en définitive, c'est l'huile que renferme la graine
de colza qui constitue son principal mérite, le moyen le plus
sûr d'apprécier sa valeur marchande consisterait dans l'emploi de moyens rapides d'essai de sa richesse en huile [1].

[1] Parmi les moyens d'essai des graines oléagineuses, nous devons si-
gnaler d'une manière toute particulière l'emploi de l'élaïomètre de
M. Berjot. (Voir notre petit *Traité d'analyse chimique appliquée à l'agriculture*, page 176.)

*J'ai souvent parlé, dans le cours de ce mémoire, des précautions prises
pour éviter le tassement ; ces précautions consistaient à verser la graine
dans la carafe au moyen d'un entonnoir bien sec à long col, qu'on élevait à
mesure que le vase remplissait, de manière à le maintenir constamment
à une petite distance de la surface du grain.*

NOTE

SUR

DES FEUILLES DE COLZA MALADES

(MAI 1863.)

Il est assez difficile, dans l'état actuel de l'agronomie, d'étudier d'une manière un peu sérieuse une question d'agriculture pratique sans y faire intervenir des considérations chimiques.

C'est pour essayer de jeter quelque lumière de cette nature sur un fait qui préoccupe souvent les cultivateurs, que j'ai fait un examen comparé des feuilles de colza saines et des feuilles affectées de la maladie connue sous le nom de *blanc du colza*.

Depuis quelques années, dans certaines parties de la plaine de Caen, cette plante paraît sujette à certaines maladies dont l'étude n'a pas encore été faite d'une manière complète, et qui ont pour effet habituel une diminution notable dans le produit important de cette plante oléifère.

Au nombre de ces affections morbides du colza se trouve celle qu'on désigne sous le nom de *blanc*, qui, après avoir attaqué les feuilles, quelques semaines avant la floraison, envahit souvent aussi la tige et peut alors diminuer la vigueur de la plante et sa fécondité.

Je laisse à de plus compétents que moi le soin de déterminer d'une manière précise la nature et la marche de cette maladie, qui paraît due au développement d'un champignon; je me suis placé à un point de vue tout différent, en cherchant quelles pouvaient être, pour la composition générale de la feuille, et dans des conditions déterminées, les conséquences de l'invasion de cette maladie.

J'ai choisi, dans diverses parties d'un champ de colza partiellement envahi par le blanc, quinze pieds sains et quinze pieds malades, en m'astreignant à satisfaire à cette double condition :

1° Que chaque pied affecté de la maladie se trouvât placé à côté d'un pied sain ;

2° Que les deux plantes contiguës différassent le moins possible dans l'état de leur développement.

Je pouvais espérer, en procédant ainsi, que le nombre des plantes et leurs conditions relatives de position et de développement réduiraient, autant que possible, les différences de composition des feuilles à celles qui résulteraient de l'état de santé des unes et de l'état maladif des autres.

Sur chaque pied, sain ou malade, j'ai pris *deux feuilles*, en essayant de satisfaire encore le mieux possible à cette double condition :

1° Que les feuilles prises sur les deux pieds contigus, l'un sain, l'autre malade, se trouvassent dans des régions correspondantes sur les deux plantes;

2° Que le développement des feuilles prélevées atteintes du blanc différât le moins possible de celui des feuilles saines du pied contigu.

En procédant de cette manière, je n'obtenais sans doute pas les feuilles les plus malades ; mais en procédant autrement, j'étais plus exposé à trouver des différences dues à des causes multiples et plus complexes.

J'ai donc formé ainsi deux lots distincts, l'un comprenant les trente feuilles prises sur les quinze plantes saines, l'autre composé des trente feuilles analogues prélevées sur les pieds affectés par la maladie.

Ces deux lots de feuilles, examinés séparément, m'ont fourni les résultats suivants :

Poids des trente feuilles saines fraîchement cueillies.   785^{gr}

Poids des trente feuilles malades fraîchement dé-
tachées. 469

Poids des mêmes feuilles à l'état de complète siccité :

Feuilles saines . . . . 107^{gr}55

Feuilles malades 66, 62

Composition générale des feuilles fraîches, rapportées à un kilogramme de matière :

	Feuilles saines.	Feuilles malades.
Eau	863^{gr}	858^{gr}
Matière sèche	137	142
Total.	1000^{gr}	1000^{gr}

Le dosage de l'azote, dans la matière entièrement privée d'humidité, a fourni les résultats suivants :

Azote par kilogramme.

	1er dosage.	2e dosage.	Moyenne.
Feuilles saines.	39^{gr}85	39^{gr}60	39^{gr}77
Feuilles malades.	47, 76	48, 48	48, 12

Il résulte, de l'ensemble de ces données, que les feuilles *fraîches* contiennent, par kilogramme :

Les feuilles saines . . . 5 gr. 45
Les feuilles malades . . . 6, 83
} d'azote en combinaison.

Si nous poussons un peu plus loin notre examen comparatif, nous trouvons, à l'état de complète siccité :

	Feuilles saines.	Feuilles malades.
Matières organiques combustibles ou volatiles (azote déduit).	861 gr. 777	817 gr. 852
Azote en combinaison	39 77	48, 12
Substances minérales	98 453	134, 028
	1000 gr. »»	1000 gr. »»

Dans les feuilles fraîches :

	Feuilles saines.	Feuilles malades.
Eau	863 gr. 00	858 gr. 00
Matières organiques combustibles ou volatiles (azote non compris)	118, 06	116, 14
Azote en combinaison	5, 45	6, 83
Substances minérales	13, 49	19, 03
Total.	1000 gr. »»	1000 gr. »»

Par l'analyse des cendres de ces deux sortes de feuilles, on y a trouvé, par kilogramme :

	Dans celles des feuilles saines.	Dans celles des feuilles malades
Silice	13 gr. 4	18 gr. 3
Oxyde de fer.	8, 9	17, 9
Acide phosphorique	63, 6	81, 8
Chaux.	243, 9	308, 8
Magnésie.	33, 6	24, 2
Potasse	200, 4	133, 0
Soude.	40, 2	53, 3

Matières diverses non dosées

(acides carbonique et sulfu-

rique, chlore, etc.). 387, 0   362, 7

En rapportant ces diverses substances minérales, non plus au kilogramme de cendres, mais au kilogramme de matière sèche, dans chacune des deux sortes de feuilles, on obtient ainsi :

	Dans les feuilles saines.	Dans les feuilles malades.
Silice.	1 gr. 25	2 gr. 42
Oxyde de fer	0, 83	2, 3
Acide phosphorique	5, 93	10, 97
Chaux.	22, 64	41, 38
Magnésie.	3, 67	3, 24
Potasse	18, 69	17, 82
Soude.	4, 58	7, 14
Matières diverses non dosées (acides carbonique et sulfurique, chlore, etc.).	40, 86	49, 03

Si, au lieu de rapporter ces proportions de substances minérales diverses aux feuilles sèches, on les rapportait aux feuilles *fraîches*, on trouverait par kilogramme :

	Dans les feuilles saines.	Dans les feuilles malades.
Silice.	0 gr. 171	0 gr. 345
Oxyde de fer	0, 114	0, 388
Acide phosphorique	0, 812	1, 558
Chaux.	3, 106	5, 876
Magnésie.	0, 430	0, 460
Potasse	2, 560	2, 530

Soude.	0, 627	1, 114
Matières diverses non dosées (acides carbonique et sulfurique, chlore, etc.).	5, 666	6, 748

Si, au lieu de ne considérer que les substances minérales, nous considérons les feuilles dans leur entier, soit à l'état sec, soit à l'état vert, nous trouvons, pour un kilogramme de feuilles complétement privées d'eau :

	Dans les feuilles saines.	Dans les feuilles malades.
Matières organiques combustibles ou volatiles (azote déduit).	861^{gr} 78	817^{gr} 85
Azote en combinaison	39, 77	48, 12
Silice.	1, 25	2, 42
Oxyde de fer	0, 83	2, 03
Acide phosphorique	5, 93	10, 97
Chaux.	22, 64	41, 38
Magnésie.	3, 67	3, 24
Potasse	18, 69	17, 82
Soude.	4, 58	7, 14
Matières diverses non dosées (acides carbonique et sulfurique, chlore, etc.	40, 86	49, 03
Total.	1000^{gr} »»	1000^{gr} »»

Et pour un kilogramme de feuilles fraîches :

	Dans les feuilles saines.	Dans les feuilles malades.
Eau.	863^{gr} 00	858^{gr} 00
Matières organiques combustibles ou volatiles (azote déduit) . . .	118, 06	116, 14

Azote en combinaison	5, 45	6, 83
Silice	0, 17	0, 35
Oxyde de fer	0, 11	0, 39
Acide phosphorique.	0, 81	1, 56
Chaux	3, 11	5, 88
Magnésie	0, 43	0, 46
Potasse	2, 56	2, 53
Soude	0, 63	1, 11
Matières diverses non dosées (acides		
carbonique et sulfurique, chlore, etc.	5, 67	6, 75
Total.	1000,$^{gr.}$ »»	1000$^{gr.}$ »»

Pour compléter autant que possible les données comparatives qui pourraient nous permettre d'établir l'état différentiel des deux sortes de feuilles, nous allons calculer le poids des divers éléments constitutifs d'un même nombre de nos feuilles, en supposant qu'on ait opéré sur trois mille feuilles saines et sur pareil nombre de feuilles malades prises sur mille cinq cents pieds pour chaque série ; on trouve ainsi :

	Dans 3 000 feuilles saines.	Dans 3 000 feuilles malades
Eau	67$^{kil.}$ 745	40$^{kil.}$ 238
Matières organiques combustibles		
ou volatiles (azote déduit). . . .	9. 268	5, 447
Azote en combinaison.	0, 428	0, 320
Silice..	0, 013	0, 016
Oxyde de fer.	0, 009	0, 010
Acide phosphorique	9, 064	0, 073
Chaux	0, 244	0, 276

Magnésie	0, 034	0, 022
Potasse. . . . . ,	0, 201	0, 119
Soude.	0, 049	0, 048
Matières diverses non dosées (acides carbonique et sulfurique, chlore, etc.	0, 445	0, 331
Total.	78$^{\text{kil.}}$ 5	46$^{\text{kil.}}$ 9

Les faits constatés dans ces recherches comparatives semblent pouvoir se résumer ainsi :

1° La maladie dont il est ici question paraît avoir pour effet, comme on pouvait s'y attendre, d'entraver le développement de la matière organique dans les feuilles qui en sont atteintes ;

2° Comparées, *sous le même poids de matière sèche ou de matière verte*, avec des feuilles *saines* placées dans les mêmes conditions, les feuilles *malades* m'ont fourni un excès d'azote d'environ 20 pour cent de la proportion qu'on en trouve dans les feuilles saines ;

3° Elles sont également plus riches en substances minérales (environ 40 pour cent), et notamment en acide phosphorique et en chaux ; la différence s'élève à plus de 80 pour cent de la proportion de ces deux substances contenues dans les feuilles saines ;

4° J'ai trouvé également, dans les feuilles malades, une proportion de soude plus élevée que dans les feuilles saines ;

5° *A poids égal*, les feuilles saines et les feuilles malades contiennent à peu près la même proportion de potasse et la même proportion de matières organiques.

Si l'on s'en tenait à cet unique point de vue d'une comparaison à poids égal des deux sortes de feuilles, on négligerait un des points de vue les plus importants de la question.

Il ne suffit pas, en effet, de savoir si, dans un poids donné de feuilles malades, on trouve plus ou moins de telle ou telle substance que dans le même poids de feuilles saines prises d'ailleurs dans les mêmes conditions ; mais il importe encore beaucoup, au point de vue cultural et agronomique, de connaître le *poids total* de ces divers éléments constitutifs que renferment *un même nombre* de feuilles, suivant qu'elles sont saines ou malades. Si nous comparons, à ce dernier point de vue spécial, au moyen du dernier tableau, les feuilles saines et les feuilles malades, nous voyons :

1° Que, dans les feuilles malades, le *poids total* de l'azote est moindre que dans les feuilles saines, et que la différence est d'environ un cinquième ;

2° Que, dans les feuilles malades, le poids total des matières organiques est moindre d'environ 50 pour cent que le poids de ces mêmes matières contenues dans le même nombre de feuilles saines :

3° Que le poids total des matières minérales contenues dans les feuilles malades, comparé au poids de ces mêmes matières contenues dans le même nombre de feuilles saines, est moindre d'environ un sixième dans les premières ;

4° Que le poids de l'acide phosphorique contenu dans un nombre déterminé de feuilles malades surpasse d'environ un sixième le poids de la même substance que fournirait un pareil nombre de feuilles saines ;

9

5° Qu'il existe, dans les premières, un excès de chaux d'environ un huitième, sur le poids de cette substance qu'on trouverait dans le même nombre des dernières feuilles ;

6° Enfin les feuilles malades ne contiennent, *à nombre égal* que les six dixièmes de la quantité de potasse que fourniraient les feuilles saines.

En résumé, les faits qui m'ont paru les plus saillants et les plus persistants, à quelque point de vue qu'on se place, c'est *un excès très-notable d'acide phosphorique et de chaux* dans les feuilles malades.

Le fait qui, par son importance, mérite d'être signalé à la suite du précédent, est la *plus grande richesse* des feuilles malades en *principes azotés* et *en substances minérales.*

Faut-il voir, dans l'ensemble de ces faits, l'indice d'une sorte d'engorgement des vaisseaux de la feuille, engorgement capable de nuire à son développement ultérieur? Cet engorgement, une fois admis, devrait-il être considéré comme une des causes ou comme un des effets de la maladie? C'est une question que e ne serais pas en mesure d'aborder en ce moment, et qui demanderait de nouvelles études.

Qu'il nous soit permis, toutefois, de demander si la culture trop fréquemment répétée du colza dans un même champ[1] n'aurait pas pour effet de faciliter l'accumulation et la multiplication des germes des mucédinées ou des insectes propres à cette plante qui peut leur offrir des conditions spéciales et favorables de développement.

---

[1] Il est d'usage presque général, dans la plaine de Caen, de faire deux colzas de suite sur la même terre.

RECHERCHES EXPÉRIMENTALES

SUR LE

DÉVELOPPEMENT DU BLÉ

ET SUR LA RÉPARTITION, DANS SES DIFFÉRENTES PARTIES,
DES ÉLÉMENTS QUI LE CONSTITUENT,
A DIVERSES ÉPOQUES DE SON DÉVELOPPEMENT.

(Octobre 1863.)

CHAPITRE PREMIER.

CONSIDÉRATIONS GÉNÉRALES.

Tout le monde est à même d'observer, chaque année, les résultats de ce travail mystérieux par suite duquel un grain de blé, placé dans des conditions convenables, germe et donne naissance à une plante d'un poids beaucoup plus considérable. Du pied de cette plante, par le *tallage*, partent généralement plusieurs tiges terminées par des épis dans lesquels se trouvent d'autres graines en nombre plus ou moins considérable.

Tout le monde sait que le grain de blé, mis en terre, produit tout à la fois de la paille et du grain en quantité suffisante pour rendre sa culture lucrative, quand cette culture est faite avec intelligence.

Pendant les différentes phases successives de cette végétation de huit à dix mois, le poids de la plante devient de plus en plus considérable, jusqu'à l'approche de la maturité de ses graines.

Cet accroissement de poids se fait aux dépens de certains éléments de l'air atmosphérique, et plus encore aux dépens de certains éléments du sol. Ce qui prouve, mieux que toute espèce de raisonnement théorique, cette influence prédominante des éléments fournis par le sol, c'est la nécessité d'abondantes et de périodiques fumures pour obtenir d'abondantes récoltes de blé.

On s'est déjà demandé souvent si l'analyse de ces récoltes mûres ne pourrait pas nous éclairer sur la nature des éléments qu'il importe de mettre à leur disposition, et l'on s'est mis à l'œuvre pour chercher, avec toute la précision possible, la composition du blé, en vue de restituer à la terre ce que lui prend une récolte de cette céréale.

L'agriculture doit savoir gré de leurs efforts aux chimistes qui lui ont fourni ces précieux renseignements dont elle pourra faire son profit ; mais il serait peut-être imprudent d'attacher dès aujourd'hui trop d'importances à ces résultats de l'analyse envisagés à cet unique point de vue ; car, s'ils nous apprennent quels sont les principaux éléments constitutifs d'une récolte, ils ne nous renseignent pas sur la forme la plus convenable à donner à ces *aliments* de la plante, pour les rendre plus facilement et plus avantageusement assimilables. L'analyse chimique ne nous a guère éclairé davantage, jusqu'à présent, sur l'époque à laquelle il conviendrait de mettre à la disposition de la récolte ces principes essentiels à son développement régulier et à sa prospérité. Enfin nous avons encore à lui demander bien des renseignements au sujet de l'influence que peuvent exercer, sur l'assimilabilité de ces principes, la nature chimique et physique du sol, les conditions variables de température et de climat, sans compter les autres circonstances dont l'influence est moins apparente.

Les questions qui se rapportent à l'alimentation du blé pendant son développement sont donc très-complexes, et leur solution complète demandera probablement encore bien des années de recherches de la part des chimistes et de la part des agronomes.

Sans avoir la prétention de traiter, quant à présent, ces questions dans toute leur généralité, j'ai pensé qu'il pouvait être utile de chercher à en élucider quelques éléments, et voici à quel point de vue spécial bien déterminé je me suis placé.

Quelle est, à diverses époques du développement de la plante, la marche de la production et de la répartition, dans ses différentes parties, de la matière organique, des substances azotées et des principes minéraux les plus importants?

A cette question se rattache, comme cas particulier, celle de savoir à quelle époque la plante puise le plus énergiquement dans le sol; en d'autres termes, pendant quelle période de sa croissance une récolte de blé exerce au plus haut point son pouvoir *épuisant* sur le champ qui la produit.

Cette dernière question particulière se rattache à d'importantes théories agronomiques dont les conséquences pratiques sont de la plus haute gravité.

Ainsi c'est une opinion généralement accréditée, chez les cultivateurs, que les plantes n'épuisent le sol qu'à partir de l'époque de la formation des graines, c'est-à-dire depuis la floraison jusqu'à la maturité.

Cette opinion se fonde sans doute, instinctivement peut-être, sur ce qu'en général, de toutes les parties d'un végétal, les graines sont celles qui, sous un même volume, contiennent la proportion la plus forte de substances nutritives ; mais elle a été souvent contestée.

Mathieu de Dombasle, dans un travail couronné par la Société d'agriculture de Lyon, avait cherché à combattre et à réfuter cette opinion, en lui opposant des faits tendant à prouver que les plantes puisent tout aussi bien leur nourriture dans le sol au début de leur développement qu'à une époque plus avancée ;

Que le chou, par exemple, ainsi que le tabac et le pastel, auxquels on ne laisse ordinairement pas produire de graines, sont considérés avec raison comme des plantes épuisantes au plus haut degré.

C'est encore ainsi que, dans les pépinières où l'on élève, pour les repiquer, les jeunes plants de choux, de colza, etc., le terrain perd, en quelques semaines, une très-notable partie de sa fertilité [1].

Mathieu de Dombasle, en se fondant sur des observations directes qui lui étaient personnelles, soutenait qu'une plante fécondée renferme déjà tous les éléments nécessaires à

---

[1] Dans une série d'études sur le colza, j'ai montré que le plant, lorsqu'il est très-vigoureux au moment de la transplantation, peut déjà contenir *une très-grande partie des éléments constitutifs que l'on rencontrera, huit mois plus tard, dans la plante parvenue à maturité.* C'es dans les organes foliacés du plant, surtout, que se trouvent accumulés tous ces principes, et particulièrement les matières azotées. (*Recherches agronomiques*, nouvelle série, 1863.)

l'accomplissement normal de ses fonctions vitales jusqu'à l'époque de la maturation.

Parmi les faits qui semblent donner raison à l'illustre fondateur de l'institut de Roville, on peut citer celui des végétaux qui, arrachés après leur fécondation, produisent cependant des graines mûres quand on les entretient dans un état convenable d'humidité[1] : il s'opère alors, disait-il, pendant le reste de la vie de la plante, un simple transport, une répartition différente des principes constitutifs qu'elle renfermait au moment de son arrachage. M. Boussingault fit judicieusement observer, dans un travail publié en 1846[2], que les feuilles des plantes, après la floraison, peuvent continuer encore longtemps leurs fonctions; qu'elles laissent exhaler encore, par la transpiration, une grande quantité d'humidité, qui semble prouver que les racines n'ont pas cessé de fonctionner.

M. Boussingault a voulu en appeler, en dernier ressort, à l'expérience directe; et il a reconnu que si, après la floraison, le développement de la matière organisée se ralentit dans le blé, ce développement est loin d'être parvenu à son terme. Cet habile agronome, à qui la science agricole moderne doit tant d'intéressantes données, a trouvé que le poids total de la récolte avait presque doublé depuis la floraison jusqu'à la maturité.

[1] Qu'on arrache, par exemple, même avant l'épanouissement de leurs fleurs, quelques plantes de séneçon ou de chardon commun, et qu'on les suspende en bottes, à l'ombre, au-dessus d'une terre en façon, bientôt on verra les plantes fleurir, et la terre se couvrir d'une épaisse forêt de séneçon ou de chardons issus des graines qui sont tombées.

[2] *Annales de chimie et de phys.* t. XVII, p. 162, 3ᵉ série.

Les expériences que j'ai faites moi-même sur le colza, pendant ces dix dernières années, m'ont conduit à des résultats analogues, dans le même sens; mais la différence était beaucoup moins tranchée.

Au lieu de me borner, à une étude d'*ensemble* sur cette dernière plante considérée dans son entier, j'avais suivi en même temps dans ses diverses, parties principales, et à différentes époques de son développement, la répartition des principes constitutifs les plus importants.

Les résultats auxquels j'avais été conduit par cette étude circonstanciée sur le colza m'ont paru assez importants pour m'engager à entreprendre sur le blé une série de recherches du même genre.

Le travail dont j'ai l'honneur de présenter aujourd'hui aux agronomes les résultats principaux n'avait donc pas pour but de vérifier les conclusions énoncées par M. Boussingault dans le travail que je viens de rappeler; le sens général de ces conclusions m'a toujours paru hors de doute; mon but était de les étendre et de les compléter à mon point de vue.

Je me suis proposé d'abord de suivre, *depuis le moment du réveil de la végétation au printemps*, à peu près quinzaine par quinzaine, *jusqu'à l'époque de la maturité du blé, la marche de l'accroissement du poids de la matière organisée dans cette plante et dans ses différentes parties principales, racines, tiges, épis, feuilles mortes, feuilles encore vertes*, etc.

Après avoir considéré, dans ces différentes parties, l'accroissement brut du poids de la matière organisée, j'ai cherché encore à y suivre l'accroissement et la répartition des principaux éléments constitutifs de la plante, *matière organique, azote, silice, acide phosphorique, chaux, potasse,* etc.

Il faut s'être livré à des travaux de ce genre pour pouvoir se faire une idée du temps et des soins qu'il est indispensable d'y consacrer, si l'on veut avoir quelque chance d'arriver à des résultats pratiquement acceptables.

Mes premières tentatives d'études sur le blé datent de 1848, mais ce n'est que sur la récolte de 1863 seulement que je me suis cru en mesure de pouvoir remplir en partie le cadre que je m'étais depuis longtemps tracé.

Lorsque, dans des recherches de cette nature, on veut essayer d'arriver à des résultats dont la pratique puisse tôt ou tard faire son profit, on se trouve en présence de deux difficultés indépendantes de l'habileté de l'expérimentateur.

Le poids de matière nécessaire pour les essais analytiques étant assez restreint, si l'on se bornait à ne prendre que le nombre de plantes indispensable pour fournir ce poids de matière, on serait presque toujours exposé à ne pas obtenir une expression vraie ou même approchée de l'état moyen des choses. Mais, d'un autre côté, si l'on veut prendre la récolte d'une superficie très-étendue, la division préalable et nécessaire d'une masse considérable de matière présente de grandes difficultés qui peuvent être des sources d'erreurs sérieuses, en même temps qu'elles sont des sources d'embarras.

Le mieux consiste à faire tout son possible pour choisir d'abord des parcelles qui offrent de bonnes conditions moyennes de végétation, puis à opérer ensuite, dans ces parcelles, sur la récolte d'une superficie restreinte, assez grande pour représenter l'état moyen d'un champ, sans être assez étendue pour devenir une source d'embarras.

Dans les expériences dont je vais rendre compte, cette étendue, pour chaque époque d'observation, a varié entre trois et six centiares.

CHAPITRE II.

ÉTUDES PRÉLIMINAIRES.

Analyse de la terre du champ d'expériences, et du blé qu'on y a semé.

Le champ qui a servi cette année à mes expériences est argilo-calcaire siliceux; la couche de terre dite végétale, comprenant ce que M. de Gasparin désignait sous les noms de sol actif et de sol vierge, y variait depuis 75 centimètres jusqu'à 1 mètre 10 centimètres de profondeur. Il avait produit, en 1862, un assez bon colza qui succédait à un autre colza, suivant la coutume assez généralement répandue dans la plaine de Caen.

Dans ce champ, d'une contenance d'un hectare environ, on a choisi une parcelle de 17 ares dans laquelle on a mis, au lieu de fumier, de la terre prise à l'une des extrémités de la pièce, où les récoltes étaient souvent exposées à la verse par un excès de fertilité dû aux fréquents dépôts qu'on y faisait. L'épandage de cette terre, les labours et hersages qui l'ont suivi, ont été faits dans de bonnes conditions pour la bien incorporer dans la couche qu'elle était destinée à fertiliser.

J'ai cru devoir commencer par faire l'analyse de la couche arable de mon champ d'expérience, avant d'y semer le blé qui devait faire l'objet de mes études.

Au milieu de novembre 1862, par un temps sec, j'ai prélevé en huit places différentes, sur une profondeur de 25 centimètres, un bon échantillon moyen d'essai d'environ quatre kilogrammes. Après dessiccation spontanée à l'air, on a bien pulvérisé cette terre, on l'a brassée à plusieurs reprises, etc., puis on l'a soumise enfin à une série d'essais dont voici les résultats, rapportés à la terre supposée entièrement privée d'humidité.

Dosage de l'azote.

J'ai recherché et dosé séparément, dans cette terre :

1° L'azote qui s'y trouvait à l'état d'ammoniaque et de carbonate d'ammoniaque, ou plus généralement à l'état de sels ammoniacaux volatils au contact et sous l'influence de l'eau bouillante ;

2° L'azote qui se trouvait engagé dans des combinaisons solubles assez peu stables pour se dégager à l'état d'ammoniaque sous l'influence d'une dissolution de soude au centième, maintenue en ébullition pendant une demi-heure ;

3° L'azote qui se trouvait engagé dans des combinaisons plus stables, organiques ou autres, mais sans y comprendre les nitrates ;

4° Enfin l'azote combiné à l'état de nitrates.

Pour doser l'azote qui se trouvait dans la terre à l'état d'ammoniaque ou de sel ammoniacal volatil à 100 degrés, on sou-

[...] à la distillation 150 grammes de cette balance avec
un litre d'eau bien exempte d'ammoniaque, en suivant la
marche indiquée par M. Boussingault pour le dosage de l'ammoniaque des eaux (l'appareil qui m'a servi est figuré ci-des-
sous); on recueillait 125 centigrammes de liquide, en ajoutant
[...] centigramme [...] d'avoir quitté [...]
[...] exposait à l'air, on n'a [...]
[...] plusieurs reprises [...], puis
[...] jusqu'à ce que [...]

[...]

[...] avait dosé l'ammoniaque, on rapportait, au moyen d'un calcul
fort simple, les résultats à ce qu'ils auraient été si l'on eût
opéré sur un kilogramme de matière sèche. On obtient ainsi :

Dans un premier dosage.....	0, 040 58 grammes
Dans un second dosage.....	0, 011 34
Moyenne.....	0, 040 96

Pour doser l'azote et l'ammoniaque dans la terre, [...]

— Le dosage de l'azote en combinaisons [...]

se dégager à l'état d'ammoniaque sous l'influence d'une dissolution très-faible de soude fut effectué par le même procédé, avec cette différence que l'eau pure servait d'abord au lessivage méthodique de la terre avant d'être additionnée d'un centième de soude; elle était ensuite soumise à la distillation.

On a obtenu ainsi, dans deux dosages successifs, opérés chacun sur 100 grammes de terre, des résultats qui, rapportés à un kilogramme de matière sèche, sont exprimés comme il suit :

		gramme.
Premier dosage.	0, 013 52	*d'azote.*
Deuxième dosage.	0, 012 58	
Moyenne.	0, 013 05	

En retranchant de ce résultat le nombre qui représente la proportion d'azote qui se trouvait dans la terre à l'état de composés ammoniacaux volatils à 100 degrés, en présence de l'eau pure, on trouve, pour le poids de l'azote contenu dans un kilogramme de terre à l'état de composés plus stables, mais susceptibles d'être expulsés à l'état d'ammoniaque sous l'influence d'une lessive très-faible de soude, le nombre $0,^{gr}.01305 - 0,^{gr}.01096 = 0,^{gr}.00209.$

Le dosage de l'azote *total* engagé dans des combinaisons quelconques autres que les nitrates, effectué par le procédé de M. Péligot, au moyen de la chaux sodée, a donné, pour un kilogramme de terre sèche :

Premier dosage. . . $1,^{gr}.6098$	} Moyenne. . . $1,^{gr}.6776$	
Deuxième dosage. . $1,\ 7454$		

En défalquant de ce nombre ceux qu'on avait obtenus

précédemment, il reste, pour la proportion d'azote engagée dans des combinaisons plus stables, insolubles dans l'eau, 1,^{gr} 6646.

Enfin, la recherche de l'acide nitrique, effectuée au moyen du procédé si ingénieux et si délicat de M. Boussingault, a donné, dans deux opérations distinctes, pour le poids de l'azote contenu à l'état de nitrates dans un kilogramme de terre sèche :

Premier dosage . . 0,^{gr} 00407
Deuxième dosage . 0, 00543 } Moyenne . . 0,^{gr} 00475

Il en résulte que *le poids total de l'azote engagé dans des combinaisons diverses* est représenté, en somme, par 1,^{gr} 682 35 par kilogramme de terre sèche.

Analyse de la terre.

L'analyse plus complète de la terre a fourni les résultats suivants, rapportés au kilogramme :

Azote en combinaisons diverses	1,^{gr}	682
Acide phosphorique	1,	754
Potasse	0,	822
Soude	0,	866
Carbonate de magnésie	4,	93
Carbonate de chaux	217,	90
Chaux engagée dans des combinaisons diverses .	2,	06
Sable, argile, silice et oxyde de fer	738,	79
Matières organiques diverses	28,	07
Pertes et matières non dosées, parmi lesquelles se trouvaient des chlorures et des sulfates . .	3,	126
Total	1	000

Pour rapporter à l'hectare les données qui précèdent, nous admettrons que le mètre cube de terre sèche pèse 1 500 kilogrammes. La couche de 25 centimètres que représente la matière que j'ai soumise à l'analyse, pesait donc 3 750 000 kilogrammes, et c'est par ce nombre qu'il faudra multiplier tous ceux que nous avons cités plus haut. On obtient ainsi, pour les quantités d'azote à divers états, d'acide phosphorique, de potasse, de soude, etc., contenues dans la couche superficielle de 25 centimètres du champ destiné aux expériences, des nombres dont nous ne rapporterons ici que les plus importants :

	Pour un hectare.
Azote à l'état de combinaisons ammoniacales très-facilement volatilisables	41,$^{kil.}$ 1
Azote en combinaisons solubles assez peu stables pour se dégager à l'état d'ammoniaque sous l'influence d'une dissolution de soude au centième	7, 8
Azote à l'état de nitrates	17, 8
Azote engagé dans des combinaisons plus stables, insolubles dans l'eau	6 243
Acide phosphorique	6 577
Potasse	3 082
Soude	3 247
Matières organiques diverses	105 262

Nous ne croyons pas devoir citer les nombres considérables qui se rapportent aux carbonates de chaux et de magnésie.

Le champ destiné aux expériences était donc assez bien

pourvu des éléments auxquels on s'accorde aujourd'hui à faire jouer un rôle important dans la fertilité d'une terre en culture. Ce champ a été labouré en planches d'environ 1 mètres 50 centimètres de largeur et ensemencé à la fin de novembre à raison de 40 litres pour les 17 ares réservés, soit environ 282 litres par hectare.

Cette quantité de semence était un peu considérable, mais l'époque avancée demandait qu'on dépassât un peu les proportions ordinaires, et la suite est venue démontrer qu'on avait eu raison.

Analyse du blé employé.

Ce blé, non barbu, demi-glacé, à chaume creux, est connu dans le pays sous le nom de blé anglais.

Il contenait, à l'état de complète siccité, par kilogramme :

Matières organiques combustibles (azote déduit)	960, 74
Azote	20, 49
Acide phosphorique	6, 1[illegible]
Chaux	0, [illegible]
Magnésie	9, [illegible]
Potasse	4, 71
Soude	0, [illegible]
Silice	1, [illegible]
Charbon, acide carbonique et matières diverses non dosées	3, [illegible]

Comme ce blé, à l'état naturel, pesait 79 kilogrammes l'hectolitre avec donc environ quinze pour cent d'humidité, les

40 litres qu'on a semés dans la parcelle d'essai pesaient 31,^{kil}6 à l'état brut, représentant 27,^{kil}5 de blé complétement sec. Il serait aisé, au moyen de ces données, de calculer les quantités d'azote, de phosphates, d'alcalis, etc., facilement assimilables apportées au sol par la semence qu'on lui avait confiée.

Observations diverses.

Pendant l'hiver très-doux de 1862 à 1863, les lombrics se multiplièrent considérablement dans mon blé, qu'ils labourèrent en tous sens, à tel point que la bonne venue de la récolte en parut un moment compromise ; mais au printemps mes craintes se dissipèrent, et à partir du roulage, le blé, quoiqu'en restant toujours un peu clair, a constamment conservé une belle teinte vert-foncé.

CHAPITRE III.

MARCHE SUIVIE DANS LES EXPÉRIENCES.

Quelques mots maintenant sur la marche que j'ai cru devoir suivre dans ces études.

Après une inspection minutieuse du champ d'expérience, j'ai choisi les trois planches qui m'ont paru les plus propres à représenter, dans leur ensemble, et sur une longueur suffisante, l'état moyen de la récolte en terre, et c'est sur ces trois planches qu'on a constamment pris tous les échantillons de récoltes destinés aux diverses épreuves.

Le blé qui en provenait a été examiné, pesé et analysé à six époques différentes, en prenant un ensemble de précautions sur lesquelles je reviendrai dans un instant.

1° Le 19 avril, au moment où, sous l'influence de la température plus douce du printemps, la végétation paraissait disposée à devenir plus active, et quand les tiges semblaient commencer à se développer, j'ai prélevé ma première récolte d'essai;

2° Un nouvel échantillon de récoltes a été pris le 16 mai, alors que les tiges avaient acquis déjà un certain développement; mais il était difficile encore, même en déroulant avec précaution la dernière feuille supérieure, d'en séparer des rudiments d'épis;

3° La troisième récolte eut lieu le 13 juin; les épis étaient généralement sortis ou sur le point de sortir, et l'on voyait déjà quelques fleurs sur les plus précoces;

4° Nouvelle prise d'échantillon le 29 juin; à l'exception de quelques épis retardataires, le blé était entièrement défleuri.

5° Le 13 juillet, alors que le blé, encore vert, commençait à incliner ses épis dont quelques-uns montraient déjà cette teinte jaunissante qui fait pressentir l'approche de la moisson, j'en fis encore une récolte d'essai avant la maturité du grain.

6° Enfin, la sixième et dernière prise d'essai eut lieu le 30 juillet, le jour même qui avait été fixé pour commencer la récolte générale du champ de blé tout entier.

Lors de chaque prise d'échantillons de récolte on mesurait avec soin, dans la partie réservée de chacune des trois planches prises pour types, des surfaces égales (généralement un centiare) sur chaque planche, et lorsque la délimitation en avait été faite aussi rigoureusement que possible, on arrachait le blé avec précaution en se servant soit d'une petite bêche, soit d'une truelle de jardinier.

Les trois récoltes partielles étaient ensuite réunies pour former un échantillon moyen.

Les plantes étaient soigneusement dépouillées de la terre adhérente et subdivisées en plusieurs parties ainsi définies :

1° Racines, jusqu'au collet.

2° Feuilles mortes et tiges atrophiées plus ou moins desséchées;

3° Feuilles encore vertes;

4° Partie inférieure des tiges, depuis le collet jusque et y compris le dernier nœud supérieur;

5° Partie supérieure des tiges, depuis le dernier nœud supérieur, jusqu'à la base de l'épi;

6° Epis pleins.

Il est à peine utile de faire observer que, dans les premiers échantillons de récoltes, il n'était pas possible d'obtenir séparément toutes ces parties.

Dans les deux dernières récoltes, on a pu séparer le grain avec assez de certitude pour en faire un examen distinct.

Bien que le poids de chacune de ces récoltes ne fût pas très-considérable, la subdivision par lots dont il vient d'être question plus haut nécessitait, à raison de la longueur du temps qu'elle exigeait, l'emploi simultané de plusieurs personnes, pour prévenir, par une plus grande célérité, des chances d'altération qui auraient pu modifier les résultats et les conséquences qu'on en devait tirer.

Ces diverses parties étaient soumises à une dessiccation

progressive ménagée d'abord, puis ensuite portée assez loin pour permettre de tout réduire en une sorte de poudre homogène éminemment propre aux épreuves qui ne peuvent se faire commodément qu'avec des quantités restreintes de matières. Cette mouture préalable se faisait au moyen d'une égrugette à sarrasin, qui m'a rendu de très-grands services dans bien des recherches de ce genre (voir la *figure* ci-jointe).

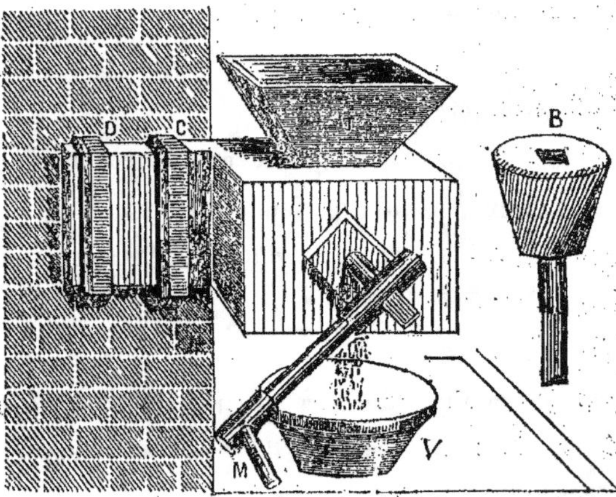

On brassait ensuite le produit de la mouture, afin de lui donner l'homogénéité nécessaire pour que chaque gramme de matière offrît une représentation fidèle de la masse entière.

Cet état des matières à examiner permet d'en conserver des échantillons pour toutes les vérifications qui peuvent devenir nécessaires plus tard, ou même pour des recherches complémentaires qui n'étaient pas d'abord entrées dans les plans de l'observateur [1].

[1] Je me suis bien trouvé d'avoir conservé ainsi de nombreux échantillons de produits dont je possède encore plusieurs centaines de spéci-

CHAPITRE IV.

PREMIÈRE SÉRIE D'OBSERVATIONS.

Échantillons de récoltes prélevés le 19 avril, au moment où, le tallage étant terminé, les tiges paraissaient disposées à commencer leur élongation.

La première planche [1] a donné, sur un

contiare.	141 touffes de blé.
La deuxième.	137
La troisième	135
Total . . .	413 touffes.

Le nombre total des tiges naissantes s'est trouvé égal à 1780, ce qui donnait un tallage moyen d'un peu plus de quatre tiges (4,3) par touffe. Nous devons nous empresser d'ajouter que près du quart de ces tiges naissantes paraissaient déjà trop languissantes pour qu'il fût permis d'en espérer le complet développement. La totalité de cette petite récolte, après avoir été bien débarrassée de la terre adhérente, a été partagée en deux lots distincts examinés séparément :

mens qui paraissent tout aussi propres à servir à des recherches analytiques d'une certaine précision que s'ils venaient d'être préparés tout récemment.

[1] Nous devons faire observer, une fois pour toutes, que ces dénominations 1re, 2e, 3e planche, sont de pure convention et ne veulent pas dire que les planches fussent contiguës et se succédassent sans intermédiaire.

Il s'agissait ici d'un simple numérotage propre à distinguer les planches l'une de l'autre, mais dans un rang toujours le même.

1er LOT. — *Racines.*

Poids total de matière entièrement privée d'humidité récoltée sur 3 centiares, 39,$^{gr.}$28, ce qui représente 130,$^{kil.}$93 par hectare.

Dosage de l'*azote :* 1er dosage, 18,$^{gr.}$1 par kilogramme.

2° dosage, 17, 8

————————

Moyenne, 17, 95

La composition de ces racines, rapportée au kilogramme de matière sèche, s'est trouvée représentée ainsi :

Matières organiques combustibles (déduction faite de l'azote) . . . . . 866,$^{gr.}$744

Azote en combinaison 17, 95

Substances minérales (cendres). . . . 115, 306

L'analyse particulière des cendres a donné pour résultats :

Silice	71,$^{gr.}$637
Oxyde de fer.	9, 016
Acide phosphorique.	4, 719
Chaux	12, 988
Magnésie	2, 113
Potasse	5, 121
Soude	1, 922
Substances diverses non dosées.	7, 790

2° LOT. — *Feuilles et rudiments de tiges.*

Poids total de cette partie de la récolte, complétement privée d'humidité, sur 3 centiares. . . 301,$^{gr.}$3

Cette quantité de matière correspondrait, par

hectare, à. . . . . 1004,$^{kil.}$33

Dosage de l'*azote :* 1er dosage, 35,$^{gr.}$1 par kilogramme.

2e dosage, 36, 1

Moyenne, 35,$^{gr.}$6

Un kilogramme de la matière sèche peut se représenter ainsi :

Substances organiques combustibles (dé-
    duction faite de l'azote) . . . . . 884$^{gr.}$208
Azote en combinaison 35, 6
Matières minérales (cendres) 80, 192
Les cendres elles-mêmes se composaient de :
Silice. 25, 060
Oxyde de fer 1, 270
Acide phosphorique 7, 200
Chaux 14, 777
Magnésie 2, 682
Potasse 16, 243
Soude. 3, 868
Substances diverses non dosées 9, 092

En rapportant ces divers résultats non plus au kilogramme de chaque lot de substances, mais à un kilogramme de plantes considérées dans leur entier, ou à l'hectare garni de plantes dans les mêmes conditions d'espacement et de vigueur, on obtient des nombres que j'ai consignés dans les tableaux I et II ci-après.

Tableau I. — *Éléments constitutifs du blé au moment de la première prise d'échantillons*, SUR UN KILOGR. DE PLANTES SÈCHES, *il se trouvait* :

	Dans les racines.	Dans les feuilles et rudiments de tiges.	Dans le blé considéré dans son entier.
	gr.	gr.	gr.
Matières organiques combustibles, azote non compris.	99,962	782,232	882,194
Azote combiné.	2,070	31,494	33,564
Silice.	8,262	22,170	30,432
Oxyde de fer.	1,039	1,123	2 162
Acide phosphorique. . .	0,544	6,370	6,914
Chaux	1,498	13,073	14,571
Magnésie.	0,244	2,373	2,617
Potasse.	0,599	14,370	14,960
Soude.	0,222	3,422	3,644
Substances diverses. . .	0,899	8,043	8,942
TOTAUX.	115,33	884,6	1000, »

Tableau II. — *Éléments constitutifs du blé au moment de la première prise d'échantillons, le 19 avril*, SUR UN HECTARE.

	Dans les racines.	Dans les feuilles et rudiments de tiges.	Dans la plante considérée dans son entier.
	kil.	kil.	kil.
Matières organiques combustibles, azote non compris	113,5	888,0	1001,5
Azote combiné.	2,3	35,8	38,1
Silice.	9,4	25,2	34,6
Oxyde de fer.	1,2	1,3	2,5
Acide phosphorique. . .	0,6	7,2	7,8
Chaux.	1,7	14,8	16,5
Magnésie.	0,3	2,7	3,0
Potasse.	0,7	16,3	17,0
Soude	0,2	3,9	4,1
Substances diverses. . .	1,0	9,1	10,1
TOTAUX.	130,9	1004,3	1135,2

CHAPITRE V.

DEUXIÈME SÉRIE D'OBSERVATIONS
(16 mai 1863).

Les tiges avaient acquis déjà un certain développement; mais il était encore difficile d'en séparer quelques rudiments d'épis.

La première planche a produit, sur un centiare, 158 touffes.
La seconde. 150
La troisième. 152

Total. . . . . 460 touffes.

Le nombre total des tiges, sans distinction de vigueur, s'élevait à 1778, ce qui représente un tallage un peu inférieur à quatre tiges par plante (3, 87).

La différence entre les tiges vigoureures et celles dont il n'était plus guère permis d'espérer un produit réel, était devenue bien plus prononcée qu'au moment de la première récolte du 19 avril.

On a partagé la récolte totale en quatre lots distincts :

1º Racines;

2º Feuilles mortes auxquelles on a réuni les tiges complètement atrophiées et entièrement jaunes;

3º Feuilles vertes;

4º Tiges de diverses longueurs.

Nous devons ajouter, toutefois, qu'à raison des grandes difficultés qu'on a rencontrées dans la séparation des deux derniers lots, cette séparation ne doit être considérée ici que comme approximative, c'est-à-dire que le troisième lot contient des rudiments de tiges, et qu'il se trouve encore, dans le quatrième, des portions de gaînes de feuilles vertes.

1er Lot. — Racines.

Poids total de matière sèche provenant de la récolte entière faite sur les trois planches (trois centiares). . . 97,gr·644

Le poids de ces racines qu'on aurait trouvé sur un hectare s'élèverait à 325,kil·48.

Dosage de l'azote : 1er dosage, 12,gr·21 par kilogramme.

2e dosage, 12, 17

Moyenne, 12,gr·19 par kilogramme.

La composition de ces racines, entièrement privées d'humidité, était la suivante, rapportée au kilogramme :

Matières organiques combustibles ou volatiles (déduction faite de l'azote. . . . . 842,gr·733

Azote en combinaison. 12, 19

Substances minérales (cendres). . . . 145, 077

Les cendres elles-mêmes se composaient ainsi :

Silice. . . . . 104,gr·985

Oxyde de fer 4, 753

Acide phosphorique 3, 000

Chaux. 15, 899

Magnésie 1, 477

Potasse. 2, 934

Soude. 1, 795

Substances diverses non dosées . . . 10, 234

2ᵉ Lot. — *Feuilles mortes et tiges atrophiées ayant cessé de végéter.*

Poids total de matière sèche récoltée sur trois centiares, 52,^{gr} 724

Pour un hectare, ce poids se serait élevé à 175,^{kil} 75.

Dosage de *l'azote :* 1er dosage, 15,^{gr} 04 par kilogramme.

2ᵉ dosage, 15, 54

Moyenne, 12, 29

Composition de ces feuilles et tiges rudimentaires mortes, rapportée au kilogramme de matière complétement privée d'humidité :

Matières organiques combustibles ou volatiles (déduction faite de l'azote). . . . . . . 875,^{r} 305

Azote en combinaison. 15, 29

Substances minérales (cendres) . . . 109, 405

Les cendres elles-mêmes contenaient :

Silice. . . . . 74,^{gr} 954

Oxyde de fer 1, 802

Acide phosphorique 3, 748

Chaux. 17, 912

Magnésie. 2, 587

Potasse.. . . . . 2, 615

Soude. 1, 470

Substances diverses non dosées. . . . 4, 317

3e Lot. — *Feuilles vertes et sommités de tiges dont la séparation n'a pu se faire.*

Poids total de la matière sèche récoltée sur trois centiares . . . . 527,^{gr}085

Pour un hectare, le poids s'élèverait à 1 756,^{kil}95.

Dosage de l'*azote* : 1er dosage, 28,^{gr}47 par kilogramme.

2e dosage, 28, 04

Moyenne, 28, 255

Rapportée au kilogramme de matière entièrement privée d'humidité, la composition de ces feuilles vertes s'est trouvée être la suivante :

Matières organiques combustibles ou volatiles (déduction faite de l'azote). . . . . 895,^{gr}452

Azote en combinaison. . . . . , . 28, 255

Substances minérales (cendres). . . . 76, 293

Composition des cendres :

Silice. 28, 395

Oxyde de fer. 4, 152

Acide phosphorique. 6, 372

Chaux. 12, 044

Magnésie. 3, 091

Potasse. 8, 972

Soude. 1, 718

Substances diverses non dosées . . . 11, 548

4ᵉ Lot. — *Tiges entières privées de leurs feuilles*

Ces tiges présentaient, en moyenne, trois nœuds faciles à distinguer. Pendant la mouture de la matière sèche, celle-ci avait une tendance manifeste à empâter le moulin, circonstance qui caractérise, en général, la présence de substances gommeuses ou sucrées.

Poids total de matière sèche récoltée sur trois centiares. 132,ᵍʳ 06

Poids correspondant pour un hectare 440,ᵏⁱˡ 2

Dosage de l'*azote* : 1ᵉʳ dosage, 12,ᵍʳ 29 par kilogramme

2ᵉ dosage, 12, 79

Moyenne, 12, 54

La composition de ces tiges, rapportée au kilogramme de matière complétement sèche, était la suivante :

Matières organiques combustibles (déduction faite de l'azote 938,ᵍʳ 356

Azote en combinaison 12, 54

Substances minérales (cendres). 49, 104

Les cendres contenaient elles-mêmes :

Silice. 9, 534

Oxyde de fer avec un peu de manganèse. . 3, 698

Acide phosphorqiue. 3, 796

Chaux. 4, 036

Magnésie. 1, 003

Potasse . . . , ... 14, 459

. Soude 2, 150

Substances diverses non dosées. . . . 10, 428

Au moyen de ces diverses données, on peut calculer la composition moyenne d'un kilogramme de plantes considérées dans leur entier. Les poids observés de chacun des lots dont l'ensemble constitue la récolte entière, permettent ensuite de calculer ce que deviendraient ces mêmes résultats pour la récolte d'un hectare, effectuée dans les mêmes conditions.

On trouvera le résultat de tous ces calculs dans les tableaux III et IV ci-après.

Tableau III. — *Éléments constitutifs du blé* (16 mai) SUR UN KILOGRAMME *de plantes sèches.*

	Dans les racines.	Dans les feuilles mortes.	Dans les feuilles vertes.	Dans les tiges.	Dans les plantes entières.
	gr.	gr.	gr.	gr.	gr.
Matières organiques ou combustibles, azote non compris.	101,651	57,029	583,047	153,074	894,801
Azote combiné.	1,470	0,996	18,398	2,046	22,910
Silice.	12,663	4,882	18,488	1,556	37,589
Oxyde de fer. .	0,573	0,117	2,703	0,603	3,996
Acide phosphorique. . . .	0,362	0,224	4,149	0,619	5,354
Chaux.	1.918	1,167	7,842	0,658	11,585
Magnésie. . . .	0,178	0,168	2,013	0,164	2,523
Potasse.	0,233	0,170	5,842	2,359	8,604
Soude . , . . .	0,337	0,095	1,119	0,351	1,902
Substances diverses non dosées.	1,235	0,282	7,519	1,700	10,736
TOTAUX. . . .	120,62	65,13	651,12	163,13	1000,...

Tableau IV. — *Poids des éléments constitutifs du blé,* POUR UN HECTARE *placé dans les mêmes conditions.*

	Dans les racines.	Dans les feuilles mortes.	Dans les feuilles vertes.	Dans les tiges.	Dans les plantes entières.
	kil.	kil.	kil.	kil.	kil.
Matières organiques ou combustibles, azote non compris . . .	274,3	153,8	1573,3	414,0	2415,4
Azote combiné.	4,0	2,7	49,6	5,5	61,8
Silice. . . .	34,2	13,2	49,9	4,2	101,4
Oxyde de fer. .	1,5	0,3	7,3	1,6	10,8
Acide phosphorique. . . .	1,0	0,7	11,2	1,7	14,5
Chaux	5,2	3,1	21,2	18	31,3
Magnésie. . . .	0,5	0,4	5,4	0,4	6,8
Potasse. . . .	0,6	0,5	15,8	6,4	23,2
Soude. . . .	0,9	0,3	3,0	0,9	5,1
Substances diverses non dosées	3,3	0.7	20,3	4,6	20,0
TOTAUX . . .	325,5	15,7	1757,0	441,1	2699,3

CHAPITRE VI.

TROISIÈME SÉRIE D'OBSERVATIONS

(15 juin 1863).

Une grande partie des épis étaient déjà visibles, et quelques-uns des plus précoces portaient déjà quelques fleurs.

On a récolté dans la première planche, sur

un centiare. . . . . 144 touffes

Sur la seconde. 141

Sur la troisième 135

Total. . . . . . . 420 touffes

Le nombre total des tiges, sans distinction de taille ni de vigueur, s'élevait à 1781, ce qui représentait un tallage moyen d'un peu plus de 4 tiges par plante (4, 2).

Ces tiges se subdivisaient en trois catégories distinctes de la manière suivante:

Tiges plus ou moins vigoureuses, mais assez bien développées pour pouvoir en espérer un épi 1000

Tiges très-grêles et encore vertes, mais d'une réussite douteuse 141

Tiges déjà mortes et presque desséchées (la plupart étaient à l'état rudimentaire et n'étaient représentées que par deux ou trois petites feuilles emboîtées l'une dans l'autre), . . 620

Total égal . . 1781 tiges

On a subdivisé cette nouvelle récolte en six lots distincts ainsi composés:

1° Racines;

2° Feuilles mortes et tiges atrophiées de la 3° catégorie;

3° Feuilles vertes et encore actives, dans lesquelles figuraient une partie notable des sommités des tiges grêles de réussite douteuse de la deuxième catégorie;

4° Tiges dépouillées de toutes leurs feuilles, gaînes comprises, et coupées immédiatement au-dessus du dernier nœud supérieur;

5° Partie supérieure des mêmes tiges, depuis le nœud supérieur jusqu'à la base de l'épi;

6° Enfin épis entiers;

Examen séparé de chacune de ces diverses parties :

1er LOT. — *Racines.*

Poids de matière sèche récoltée sur trois centiares. 158,gr.424

Poids correspondant pour un hectare, 528,kil.08.

Dosage de l'*azote*. 1er dosage, 6,gr.94 par kilogramme.

2e dosage, 6, 74.

Moyenne, 6, 84.

Composition générale de ces racines, rapportée à un kilogramme de matière entièrement privée d'humidité :

Matières organiques combustibles ou volatiles, déduction faite de l'azote . . . 894,gr.186

Azote en combinaison 6, 84

Substances minérales (cendres). 98, 974

On a trouvé, d'ailleurs, dans les cendres :

Silice. 71, 180
Oxyde de fer 2, 121
Acide phosphorique 3, 323
Chaux. 12, 689
Magnésie. 0, 848
Potasse 4, 054
Soude. 0, 893
Substances diverses non dosées 3, 866

2e LOT. — *Feuilles mortes et tiges rudimentaires mortes atrophiées.*

Poids de matière sèche récoltée sur trois centiares, 125,gr.355

Cette partie de la récolte représenterait, pour un hectare qui se trouverait dans de pareilles conditions, 417,$^{kil.}$85.

Dosage de *l'azote*. 1er dosage, 12,$^{gr.}$52 par kilogramme,

2e dosage, 13, 09.

Moyenne, 12,$^{gr.}$81.

Composition moyenne de ces feuilles, rapportée à un kilogramme de matière entièrement privée d'humidité :

Matières organiques combustibles ou volatiles (déduction faite de l'azote) . . 870,$^{gr.}$761
Azote en combinaison. . . . . 12, 81.
Substances minérales (cendres). 116, 429

Les cendres elles-mêmes se composaient de :

Silice . . . . 80,$^{gr.}$874
Oxyde de fer 2, 971
Acide phosphorique 4, 809
Chaux. 18, 668
Magnésie. 1, 457
Potasse 2, 089
Soude. 0, 889
Substances diverses non dosées 4, 672

3e LOT. — *Feuilles vertes* encore actives.

Poids total de la matière sèche recoltée sur trois centiares . . . . 618,$^{gr.}$24

Sur un hectare, et dans les mêmes conditions, on en eût obtenu un poids de 2 060,$^{kil.}$8.

Dosage de *l'azote* : 1er dosage, 17,gr.88 par kilogramme.

2e dosage, 17, 89.

Moyenne, 17,gr.88.

On a trouvé, pour la composition générale de ces feuilles vertes entièrement privées d'humidité, par kilogramme :

Matières organiques combustibles ou volatiles (déduction faite de l'azote) 905,gr.743
Azote en combinaison. 17, 88
Substances minérales (cendres) . . . 76, 377

On a trouvé, dans les cendres :

Silice. 44,gr.826
Oxyde de fer 4, 366
Acide phosphorique 2, 754
Chaux. 8, 584
Magnésie. 1, 667
Potasse 6, 478
Soude. 2, 014
Substances diverses non dosées. . . 5, 698

4° LOT. — *Partie inférieure des tiges dépouillées de toutes leurs feuilles.*

Poids total de la matière sèche récoltée sur trois centiares 631,gr.72

Cette partie de la récolte serait représentée en poids, sur un hectare qui se trouverait dans de semblables conditions, par 2 105,kil.73.

Dosage de l'*azote :* 1ᵉʳ dosage, 7,ᵍʳ·36 par kilogramme.

2ᵉ dosage, 7, 06

Moyenne, 7, 21

Rapportée au kilogramme de matière entièrement privée d'humidité, la composition de cette partie de la récolte était la suivante :

Matières organiques combustibles ou volatiles (déduction faite de l'azote) . . . . . 962,ᵍʳ·987

Azote en combinaison 7, 21

Substances minérales (cendres). . . . 29, 803

Ces cendres se composaient, d'ailleurs, de :

Silice. . . : . : . . . . 10,ᵍʳ·055

Oxyde de fer. 0, 715

Acide phosphorique. 2, 878

Chaux. . : 3, 758

Magnésie. 1, 294

Potasse 6, 057

Soude. 1, 313

Substances diverses non dosées. . . . 3, 733

5ᵉ LOT. — *Partie supérieure des tiges.*

Poids total de la matière sèche récoltée sur trois centiares. . . . . 41,ᵍʳ·44

Poids correspondant sur un hectare, 137,ᵏⁱˡ·13.

Dosage de l'*azote :* 1ᵉʳ dosage, 20,ᵍʳ·89 par kilogramme.

2ᵉ dosage, 21, 47

Moyenne, 21, 18

L'analyse de cette partie de la récolte a donné, pour un kilogramme de matière entièrement privée d'humidité, les résultats suivants :

Matières organiques combustibles ou volatiles (azote non compris) 924,gr.916
Azote en combinaison 21, 18
Substances minérales (cendres). . . . 53, 904

Par l'analyse des cendres, on y a trouvé :

Silice. 13,gr.761
Oxyde de fer. 0, 785
Acide phosphorique 5, 134
Chaux. 6, 381
Magnésie 0, 714
Potasse 12, 519
Soude. 2, 857
Substances diverses non dosées. . . . 11, 753

6e LOT. — *Epis entiers.*

Poids total de matière sèche récoltée sur trois centiares. 184,gr.14
Ce poids correspondrait, pour un hectare, à. . 613,kil.
Dosage de *l'azote* : 1er dosage, 20,gr.13 par kilogramme

2e dosage, 19, 83

Moyenne, 19,gr.98

En rapportant au kilogramme de matière entièrement privée d'humidité, les résultats de l'analyse générale de cette partie de la récolte, on a obtenu les résultats qui suivent :

Matières organiques combustibles ou volatiles (déduction faite de l'azote) 940, 737

Azote en combinaison 19, 98

Substances minérales (cendres) 39, 283

Composition des cendres :

Silice 7, 312

Oxyde de fer 1, 003

Acide phosphorique 3, 763

Chaux 6, 481

Magnésie 1, 003

Potasse 13, 768

Soude 0, 968

Substances diverses non dosées 5, 990

J'ai résumé, dans les deux tableaux qui vont suivre (V et VI), l'ensemble de ces résultats, en les rapportant soit à un poids déterminé des plantes considérées dans leur entier, soit à la récolte qu'on aurait faite sur un hectare de plantes venues dans les mêmes conditions de taille, de vigueur et d'espacement.

V. — SUR UN KILOGRAMME DE PLANTES SÈCHES, *considérées dans leur entier, il se trouvait :*

MATIÈRES CONSTITUTIVES.	Dans les racines.	Dans les feuilles mortes.	Dans les feuilles vertes.	Dans la partie inférieure des tiges.	Dans la partie supérieure des tiges.	Dans les épis pleins.	Dans les plantes entières.
	gr.	gr.	gr.	gr.	gr.	gr.	gr.
Matières organiques combustibles (azote non compris)...	80,534	62,052	318,344	345,840	21,632	98,479	926,878
Azote en combinaison.	0,616	0,913	6,284	2,589	0,495	2,092	12,989
Silice.	6,411	5,763	15,755	3,611	0,322	0,765	32,627
Oxyde de fer	0,191	0,212	1,836	0,257	0,018	0,105	2,619
Acide phosphorique	0,299	0,343	0,968	1,034	0,120	0,394	3,158
Chaux	1,143	1,330	3,017	1,350	0,149	0,574	7,563
Magnésie	0,076	0,104	0,586	0,465	0,017	0,105	1,353
Potasse	0,365	0,149	2,277	2,175	0,293	1,441	6,700
Soude	0,080	0,063	0,708	0,471	0,067	0,101	1,490
Substances diverses non dosées.	0,348	0,333	1,697	1,341	0,276	0,627	4,623
TOTAL...	90,063	71,262	351,469	359,133	23,389	104,683	1000,000

VI. — *Tableau des éléments constitutifs du blé, au moment de la troisième prise d'échantillons,* POUR UN HECTARE *placé dans les mêmes conditions.*

MATIÈRES CONSTITUTIVES.	Dans les racines.	Dans les feuilles mortes.	Dans les feuilles vertes.	Dans la partie inférieure des tiges.	Dans la partie supérieure des tiges.	Dans les épis pleins.	Dans les plantes entières.
	kil.	kil.	kil.	kil.	kil.	kil.	kil.
Matières organiques combustibles (azote non compris)	472,2	363,8	1866,6	2027,8	126,8	577,4	5434,7
Azote en combinaison.	3,6	5,4	36,8	15,2	2,9	12,3	76,2
Silice.	37,6	33,8	92,4	21,2	1,9	4,5	191,3
Oxyde de fer.	1,1	1,2	10,7	1,5	0,1	0,6	15,3
Acide phosphorique	1,8	2,0	5,7	6,1	0,7	2,3	18,5
Chaux	6,7	7,8	17,7	7,9	0,9	3,4	44,3
Magnésie	0,5	0,6	3,4	2,7	0,1	0,6	7,9
Potasse	2,1	0,9	13,4	12,7	1,7	8,4	39,3
Soude	0,5	0,4	4,1	2,8	0,4	0,6	8,7
Substances diverses non dosées. .	2,0	1,9	10,0	7,8	1,6	3,7	27,1
TOTAL. . . .	528,1	417,8	2060,8	2105,7	137,1	613,8	5863,3

CHAPITRE VII

4e SÉRIE D'OBSERVATIONS
(29 juin 1863).

Le blé était presque entièrement défleuri.

On a prélevé, avec les mêmes soins que précédemment, un quatrième échantillon de récolte, et voici les observations de détail qu'on a été à même de faire à cette occasion :

On a compté, sur la première planche, dans un centiare, ... 146 touffes
— sur la seconde 140
— sur la troisième 126
En tout . . . . 412 touffes.

En comptant le nombre total des tiges, sans distinction de taille, de vigueur, ni de développement, on en a trouvé 1688, ce qui représente un tallage moyen d'un peu plus de quatre tiges par plante (4, 1).

Ces tiges pouvaient se partager en trois catégories distinctes :

1° Tiges de forces diverses, mais bien développées. 872
2° Tiges non encore épiées, grêles et d'un produit douteux 74
3° Tiges atrophiées, mortes ou presque mortes . . 742
Total égal 1688

On a partagé l'ensemble de cette nouvelle récolte en six lots distincts, ainsi composés :

1° Racines ;

2° Feuilles mortes et tiges avortées à peu près complétement sèches ;

3° Feuilles vertes et parties de sommités de tiges de la seconde catégorie dont on n'a pu séparer l'épi ;

4° Partie inférieure des tiges ;

5° Partie supérieure de ces mêmes tiges ;

6° Epis entiers.

Chacun de ces six lots a fait l'objet d'un examen séparé.

1er LOT. — *Racines.*

Poids total de matière sèche récoltée sur trois centiares . . . . 146,^{gr}608

représentant pour un hectare, dans les mêmes conditions, un poids de racines *sèches* égal à . . . . 488,^{kil}69

Dosage de *l'azote.* 1er dosage, 5,^{gr}67 par kilogramme

2e dosage, 5, 45

Moyenne, 5,^{gr}56

Composition générale de la matière entièrement privée d'humidité, rapportée au kilogramme :

Matières organiques combustibles ou volatiles (azote déduit). . . . . . . 825,^{gr}673

Azote en combinaison 5, 56

Substances minérales (cendres) 168, 767

Composition des cendres :

Silice.	123, 739
Oxyde de fer [1]	19, 575
Acide phosphorique.	4, 105
Chaux	14, 288
Magnésie.	4, 490
Potasse.	4, 678
Soude.	0, 350
Substances diverses non dosées . . .	3, 896

2e Lot. — *Feuilles mortes et tiges avortées à peu près entièrement sèches.*

Poids total de matière sèche récoltée sur trois centiares . . . . 174,^{gr}258

Cette partie de la récolte représenterait, dans les mêmes conditions, un poids de 508,^{kil}86 par hectare.

Dosage de l'*azote* : 1er dosage, 10,^{gr}65 par kilogramme.

2e dosage, 10, 75

Moyenne, 10, 7

[1] La quantité exorbitante d'oxyde de fer qu'on a trouvée ici doit provenir, en très-grande partie, d'un lavage incomplet des racines ; la forte proportion de chaux doit avoir en grande partie la même origine. J'ai cru devoir cependant, sous cette réserve, donner les résultats tels que je les ai trouvés.

Le lavage des racines présente quelquefois de très-grandes difficultés. Si, pour enlever les dernières traces de terre adhérente, on poussait trop loin ce lavage, on pourrait craindre de désorganiser les parties les plus tendres des dernières radicelles.

Matières organiques combustibles ou volatiles...

Cellulose faite de bois...

Acide en combinaison...

Substances minérales (cendres)...

Composition des cendres :

Silice...

Oxyde de fer...

Acide phosphorique...

Chaux...

Magnésie...

Potasse...

Soude...

Substances organiques (ly...)...

Poids total de matière [illegible] sur trois

cantions...

La matière, complétement privée d'humidité, contenait, par
kilogramme :

Substances organiques combustibles ou volatiles (déduction faite de l'azote) 897,gr.790

Azote en combinaison 16, 085

Matières minérales (cendres). 87, 125

Composition des cendres :

Silice 44,gr.092

Oxyde de fer 7, 936

Acide phosphorique 2, 681

Chaux 10, 840

Magnésie 2, 681

Potasse 12, 509

Soude 1, 053

Substances diverses non dosées 5, 333

4º Lot. — *Partie inférieure des tiges.*

Poids total de la matière sèche obtenue sur trois
centiares 759,gr.95

Poids correspondant pour un hectare, 2 533,kil.17.

Dosage de l'*azote* : 1er dosage, 4,gr.25 par kilogramme.

2º dosage, 4, 33

Moyenne, 4, 29

On a trouvé, par kilogramme de matière sèche entièrement
privée d'humidité :

Substances organiques combustibles ou volatiles (déduction faite de l'azote). . . . . . . 970,^{gr}159

Azote en combinaison. 4, 29

Matières minérales (cendres). 25, 551

Composition des cendres :

Silice . . . . 11,^{gr}809

Oxyde de fer. 1, 195

Acide phosphorique 1, 567

Chaux 1, 956

Magnésie 0, 292

Potasse 6, 902

Soude. 0, 826

Substances diverses non dosées. 1, 004

5° Lot. — *Partie supérieure des tiges.*

Poids total de matière sèche obtenue sur trois centiares . . . . 253,^{gr}666

Poids correspondant pour un hectare, 845,^{kil}55.

Dosage de l'*azote* : 1er dosage, 18,^{gr}98 par kilogramme.

2° dosage, 18, 74

Moyenne, 18, 86

L'analyse de la matière entièrement sèche a donné, par kilogramme :

Substances organiques combustibles ou volatiles (déduction faite de l'azote. . . . . . . 937,^{gr}373

Azote en combinaison. 18, 86

Matières minérales (cendres). 43, 757

Composition des cendres :

Silice. 22, 269
Oxyde de fer. 0, 210
Acide phosphorique. 5, 392
Chaux 3, 690
Magnésie. 0, 490
Potasse 8, 708
Soude. 1, 129
Substances diverses non dosées. . . . 1, 879

6ᵉ Lot. — *Epis entiers avec leur contenu.*

Poids total de matière sèche obtenue sur trois centiares 284,gr.484

Poids correspondant pour un hectare, 948,kil.28.

Dosage de l'*azote* : 1ᵉʳ dosage, 17,gr.06 par kilogramme.

2ᵉ dosage, 16, 72
____
Moyenne, 16, 89

Composition de la matière entièrement privée d'humidité, sur un kilogramme :

Substances organiques combustibles ou volatiles (déduction faite de l'azote). 931,gr.364
Azote en combinaison. 16, 89
Matières minérales (cendres). 51, 749

Composition des cendres :

Silice..	29,	904
Oxyde de fer.	1,	343
Acide phosphorique..	3,	747
Chaux	4,	701
Magnésie	0,	636
Potasse	6,	719
Soude.	0,	919
Substances diverses non dosées. . . .	3,	780

Comme pour les séries précédentes, j'ai rapporté, par le calcul, les résultats qui précèdent, soit au kilogramme de plantes considérées dans leur entier, soit à la récolte complète d'un hectare, supposée dans les mêmes conditions que les parcelles sur lesquelles on a opéré (voir les tableaux VII et VIII).

VII. — *Quatrième prise d'échantillons* (29 juin). SUR UN KILOGRAMME DE PLANTES SÈCHES *considérées dans leur entier, il se trouvait :*

DÉSIGNATION DES SUBSTANCES.	Dans les racines.	Dans les feuilles mortes	Dans les feuilles vertes.	Dans la partie inférieure des tiges.	Dans la partie supérieure des tiges.	Dans les épis pleins.	Dans les plantes entières.
	gr.	gr.	gr.	gr.	gr.	gr.	gr.
Matières organiques combustibles (azote non compris).	57,644	72,883	205,642	351,087	113,230	126,172	926,658
Azote en combinaison	0,388	0,888	3,455	1,552	2,278	2,288	10,849
Silice.	8,639	6,324	10,099	4,274	2,690	4,051	36,077
Oxyde de fer	1,367	0,476	1,818	0,432	0,026	0,182	4,301
Acide phosphorique	0,073	0,270	0,614	0,567	0,651	0,508	2,683
Chaux.	0,997	1,452	2,483	0,708	0,446	0,637	6,423
Magnésie	0,084	0,138	0,614	0,106	0,059	0,186	1,487
Potasse	0,326	0,204	2,865	2,498	1,052	0,910	7,855
Soude	0,024	0,155	0,241	0,299	0,136	0,125	0,980
Substances diverses non dosées.	0,272	0,491	1,222	0,363	0,227	0,442	2,987
TOTAL.	69,814	82,981	229,053	361,886	120,795	135,471	1000,»»»

VIII. — *Tableau des éléments constitutifs du blé, au moment de la quatrième prise d'échantillons,* **POUR UN HECTARE** *placé dans les mêmes conditions.*

DÉSIGNATION DES SUBSTANCES.	Dans les racines.	Dans les feuilles mortes.	Dans les feuilles vertes.	Dans la partie inférieure des tiges.	Dans la partie supérieure des tiges.	Dans les épis teins.	Dans les plantes entières.
	kil.	kil.	kil.	kil.	kil.	kil.	kil.
Matières organiques combustibles (azote non compris)	403,5	510,2	1439,5	2457,6	792,6	883,2	6486,5
Azote en combinaison.	2,7	6,2	24,2	40,9	15,9	16,0	75,9
Silice.	60,5	44,3	70,7	29,9	18,8	28,3	252,5
Oxyde de fer.	9,6	3,3	12,7	3,0	0,2	1,3	30,1
Acide phosphorique	0,5	1,9	4,3	4,0	4,6	3,5	18,8
Chaux	7,0	8,1	17,4	4,9	3,1	4,5	45,0
Magnésie	0,6	1,0	4,3	0,7	0,4	4,6	8,6
Potasse	9,3	1,4	20,0	17,5	7,4	6,4	55,0
Soude	0,2	1,1	1,7	2,1	0,9	0,9	6,9
Substances diverses non dosées.	1,9	3,4	8,5	2,6	1,6	2,6	20,6
TOTAL.	488,8	580,9	1603,3	2533,1	845,5	948,3	6999,9

CHAPITRE VIII.

Le blé, encore vert, commençait à laisser pencher ses épis ; quelques-uns de ces derniers offraient déjà une teinte légèrement jaunissante.

Cette nouvelle récolte, faite avec tous les soins possibles, a donné les résultats qui vont suivre :

On a compté, sur la 1re planche, 166 touffes pour un centiare.

On en a compté sur la 2e planche 152

    —   sur la 3e planche 160

Total pour trois centiares .   478 touffes.

On a compté ensuite le nombre total des tiges, et l'on a ainsi obtenu :

1° Tiges portant des épis (quelques-uns très-petits) . 854

2° Tiges atrophiées ou avortées, mortes avant l'épiage. 746

      Total des tiges de toutes sortes. . . . 1600

En comparant le nombre de ces tiges au nombre des touffes de blé, on obtient un tallage moyen d'environ trois tiges un tiers par plante (3,35).

L'ensemble de cette cinquième récolte a été partagé, comme la précédente, en six lots distincts, formés des différentes parties, savoir :

1° Les racines ;

2° Les feuilles mortes et rudiments de tiges atrophiées, sèches ;

3° Les feuilles vertes ;

4° Les parties inférieures des tiges ;

5° Les parties supérieures ;

6° Enfin les épis et leur contenu,

Une seconde récolte a été faite, le même jour, sur un centiare de chacune des planches, en vue d'en obtenir le grain.

Examen du 1er Lot. — Racines.

Poids total de matière sèche obtenu sur trois centiares. . . . . 139^{gr},04
Poids correspondant par hectare . . . . 463,^{kil}17

Azote par kilogramme de matière sèche :

> 1er dosage. . . . . 5,^{gr}78
> 2e dosage. . . . . 5, 56 } Moyenne 5,^{gr}67.

Composition de la matière sèche, sur un kilogramme :

Matières organiques combustibles ou volatiles (azote déduit) . . . . 913,$_g$275
Azote en combinaison 5, 67
Substances minérales (cendres) 80, 355

Les cendres se composaient de :

Silice 55, 403
Oxyde de fer 5, 674

Acide phosphorique	1, 833
Chaux.	7, 907
Magnésie.	0, 775
Potasse	2, 290
Soude	2, 014
Substances diverses non dosées.	4, 459

2e Lot. — *Feuilles mortes et tiges sèches atrophiées ou avortées.*

Poids total de matière sèche récolté sur trois centiares. 139gr. 108

Poids correspondant par hectare. . . . . 463kil.

Azote par kilogramme de matière sèche :

1er dosage. . . . . . . 9gr. 33 }
2e dosage. . . . . . . 8 99 } moyenne 9gr. 16

La matière sèche, soumise à un examen plus complet, a donné, par kilogramme :

Matières organiques combustibles ou volatiles (azote déduit.	889gr. 825
Azote en combinaison.	9, 16
Substances minérales (cendres).	101, 015

Composition des cendres :

Silice.	72,gr. 952
Oxyde de fer.	3, 700
Acide phosphorique.	3, 148
Chaux.	13, 380
Magnésie.	2, 171

Potasse. 2, 280
Soude. 0, 906
Substances diverses non dosées. . . . 2, 478

3ᵉ Lot. — *Feuilles encore vertes*.

Poids total de matière sèche récoltée sur trois
centiares. . . . . 427ᵍʳ·63
Poids correspondant par hectare. 1425ᵏⁱ¹ 6

Azote par kilogramme de matière sèche :

1ᵉʳ dosage. . . . . 9ᵍʳ·66 ⎱
2ᵉ dosage. . . . 9, 74 ⎰ moyenne 9ᵍʳ·70

Composition de la matière complétement privée d'humidité,
par kilogramme :

Matières organiques combustibles ou volatiles, déduction
faite de l'azote. . . . . 901ᵍʳ· 523
Azote en combinaison. 9, 700
Substances minérales (cendres). . . . 88, 777

Composition des cendres :

Silice. . . . . 48ᵍʳ· 725
Oxyde de fer. 4, 015
Acide phosphorique. 3, 801
Chaux. 14, 043
Magnésie. 4, 178
Potasse 7, 640
Soude. 3, 601
Substances diverses non dosées. 5, 774

4ᵉ Lot. — *Partie inférieure des tiges.*

Poids total de matière sèche récoltée sur trois
centiares. . . . .   596ᵍʳ·54
Poids correspondant pour un hectare. 1988ᵏⁱˡ47

Azote combiné dans chaque kilogramme de matière sèche :

1ᵉʳ dosage. . . . . . 3ᵍʳ·04 ⎫
2ᵉ dosage. . . . . . 3, 00 ⎭ moyenne, 3ᵍʳ·02

La matière sèche, soumise à un examen plus circonstancié, a
donné, par kilogramme :

Matières combustibles organiques, dé-
duction faite de l'azote. . . . . . .   971ᵍʳ·513
Azote en combinaison. 3, 02
Substances minérales (cendres). 25, 467

On a trouvé, d'ailleurs, pour la composition de ces cendres :

Silice. . . . .   12ᵍʳ·910
Oxyde de fer. 1, 005
Acide phosphorique. 1, 061
Chaux. 1, 940
Magnésie. 0, 421
Potasse 4, 593
Soude 1, 048
Substances diverses non dosées. 2, 489

5ᵉ Lot. — *Partie supérieure des tiges.*

Poids total de matière sèche récoltée sur trois
centiares. . . . .   257ᵍʳ·14

Poids correspondant par hectare . . . . 857^{kil} 13

Azote combiné par kilogramme de matière sèche:

1er dosage. . . . 9^{gr.} 23 }
2e dosage. . . . . 8, 95 } moyenne 9^{gr.}09

La matière sèche, soumise à un examen plus détaillé, a donné, par kilogramme:

Matières organiques combustibles ou volatiles, déduction faite de l'azote. . . . . 958^{gr.} 443
Azote en combinaison. 9, 090
Substances minérales (cendres) . . . 32, 557

Composition des cendres :

Silice. . . . . 17^{gr.} 173
Oxyde de fer. . . . . , ... 0, 692
Acide phosphorique 1, 560
Chaux. 2, 351
Magnésie. 1, 144
Potasse. 4, 889
Soude. 2, 673
Substances diverses non dosées. . . . 2, 075

6e LOT. — *Epis pleins.*

Poids total de matière sèche récoltée sur trois centiares . . , ... 658, ^{gr.} 46
Poids correspondant par hectare. . . . . . 2494, ^{kil.} 87

Azote par kilogramme de matière sèche :

$$1^{er} \text{ dosage.} \quad 15,^{gr} 62 \left.\right\} \text{Moyenne } 15,^{gr} 45$$
$$2^{e} \text{ dosage.} \quad 15, \quad 28$$

Composition de la matière sèche, par kilogramme :

Matières organiques combustibles ou volatiles (déduction faite de l'azote). . . . 943,^{gr} 007

Azote en combinaison. . . . 15, 45

Substances minérales (cendres) . . . 41, 543

Composition des cendres :

Silice. . . . . 20,^{gr} 099

Oxyde de fer. 2, 193

Acide phosphorique 3, 919

Chaux. 3, 735

Magnésie. 0, 744

Potasse. 3, 549

Soude. 0, 271

Substances diverses non dosées. . . . 7, 033

On trouvera dans les tableaux ci-après, IX et X, le résumé de l'ensemble des résultats de cette série, rapportés soit à un kilogramme de *plantes entières*, soit à la totalité de la récolte qu'on aurait obtenue sur un hectare, dans des conditions semblables à celles qui ont servi de point de départ à notre cinquième série d'observations.

IX. — *Tableau des éléments constitutifs du blé, au moment de la cinquième prise d'échantillons,*
POUR UN KILOGRAMME *de plantes sèches.*

DÉSIGNATION DES SUBSTANCES.	Dans les racines.	Dans les feuilles mortes.	Dans les feuilles vertes.	Dans la partie inférieure des tiges.	Dans la partie supérieure des tiges.	Dans les épis pleins.	Dans les plantes entières.
	gr.	gr.	gr.	gr.	gr.	gr.	gr.
Matières organiques combustibles (azote non compris)	57,30	55,81	173,84	261,30	111,11	279,96	939,32
Azote en combinaison	0,35	0,57	1,87	0,81	4,05	4,59	9,24
Silice	3,47	4,58	9,39	3,47	1,99	5,97	28,87
Oxyde de fer	0,36	0,23	0,77	0,27	0,08	0,65	2,36
Acide phosphorique	0,11	0,20	0,73	0,29	0,18	1,22	2,73
Chaux	0,50	0,84	2,71	0,52	0,27	1,11	5,95
Magnésie	0,05	0,14	0,23	0,11	0,07	0,42	1,02
Potasse	0,14	0,14	1,47	1,24	0,57	1,06	4,69
Soude	0,43	0,06	0,69	0,28	0,30	0,08	1,54
Substances diverses non dosées	0,28	0,45	1,12	0,67	0,31	1,82	4,35
TOTAL	62,69	62,72	192,82	268,96	115,93	296,88	1000,»»

X. — *Tableau des éléments constitutifs du blé, au moment de la cinquième prise d'échantillon,* POUR UN HECTARE *placé dans les mêmes conditions.*

DÉSIGNATION DES SUBSTANCES.	Dans les racines.	Dans les feuilles mortes.	Dans les feuilles vertes.	Dans la partie inférieure des tiges.	Dans la partie supérieure des tiges.	Dans les épis pleins.	Dans les plantes entières.
Matières organiques combustibles (azote non compris)	kil. 423,6	kil. 412,6	kil. 1285,3	kil. 1931,8	kil. 821,4	kil. 2069,8	kil. 6944,5
Azote en combinaison	2,6	4,3	13,8	6,0	7,8	33,9	68,4
Silice	25,7	33,8	69,5	25,7	14,7	44,1	213,5
Oxyde de fer	2,6	1,7	5,7	2,0	0,6	4,8	17,4
Acide phosphorique	0,8	1,5	5,4	2,1	1,3	7,1	18,2
Chaux	3,7	6,2	20,0	3,9	2,0	8,2	44,0
Magnésie	0,3	1,0	1,7	0,8	0,5	3,0	7,3
Potasse	1,1	1,1	10,9	9,1	4,2	7,9	34,3
Soude	0,9	0,4	5,1	2,1	2,3	0,6	11,4
Substances diverses non dosées	2,1	1,1	8,2	5,0	2,3	15,5	34,2
TOTAL.	463,4	463,7	1425,6	1988,5	857,1	2194,9	7393,2

CHAPITRE IX.

6ᵉ SÉRIE D'OBSERVATIONS

(30 juillet 1865).

Je prélevai mon dernier échantillon de récoltes le 30 juillet, le jour même où commençait la coupe du reste de la pièce de blé.

La partie supérieure des tiges était encore légèrement verte, bien que le grain fût déjà très-ferme.

Le produit d'un centiare, pris sur chacune de nos trois planches réservées comme types, a fourni les résultats suivants :

Produit d'un centiare de la première planche.	160 touffes
— de la seconde planche.	148
— de la troisième planche.	144
Produit des trois centiares.	452 touffes

L'examen spécial des tiges de toutes grandeurs, en tenant compte des différences de développement, a donné :

Tiges portant un épi.	804
Tiges n'ayant pu épier.	88
Tiges avortées ou atrophiées avant d'avoir acquis un développement notable.	648
Total des tiges de toutes sortes. . . .	1540

La comparaison du nombre de ces tiges au nombre des touffes donne, pour chaque plante, un tallage moyen d'environ 3 tiges et demie (3, 41).

Les produits prélevés sur les trois planches ont été réunis, et l'ensemble a été partagé ensuite en cinq lots distincts, savoir :

1° Racines ;

2° Feuilles mortes, comprenant les tiges avortées, atrophiées et desséchées avant d'avoir acquis un notable développement ;

3° Partie inférieure des tiges ;

4° Partie supérieure des tiges ;

5° Epis pleins.

Enfin, trois centiares (un centiare sur chacune des planches) ont été récoltés à part, pour en obtenir, par un battage et un nettoyage minutieux, le grain parvenu à maturité.

On lia en petites bottes le produit de chaque planche, ainsi que celui des trois centiares destinés au battage, et le tout fut suspendu, pendant dix jours (du 30 juillet au 9 août), dans une grande salle bien aérée, pour y sécher lentement.

C'est après cette dessiccation qu'ont été faits les lotissements et le battage dont il vient d'être parlé tout à l'heure.

On a trouvé, pour les trois centiares destinés à fournir le grain à part, 847 épis, tandis que les trois centiares dont la récolte a été subdivisée en plusieurs parties, n'en avaient donné que 804 ; différence, 43 ou environ 5 pour cent.

Nous devons ajouter, toutefois, que les épis grêles et peu fournis étaient en plus petit nombre dans la récolte destinée à la subdivision que dans celle destinée au battage.

On a procédé ensuite à la dessiccation, à la mouture et à l'analyse de chacune des parties.

La mouture était devenue très-difficile, surtout pour les tiges, qui étaient devenues plus ligneuses et plus coriaces.

1er Lot. — *Racines*.

Poids total de matière sèche récoltée sur les trois parcelles 109,gr.6

Poids correspondant par hectare 365,kil.33

Azote combiné, dans chaque kilogramme de matière sèche :

1er dosage. . 5,gr.56
2e dosage. . 5, 71 } moyenne, 5,gr.635

Composition de la matière *sèche*, par kilogramme :

Matières organiques combustibles ou volatiles, déduction faite de l'azote . . 908,gr.310

Azote en combinaison 5,

Substances minérales (cendres) . . . 86, 025

Composition des cendres :

Silice 57, 762

Oxyde de fer 8, 290

Acide phosphorique 0, 323

Chaux 9, 060

Magnésie. 0, 868

Potasse 3, 176

Soude. 0, 561

Substances diverses non dosées. . 5, 985

2ᵉ Lot. — *Feuilles mortes et tiges avortées sèches.*

Poids total de matière sèche récoltée sur les trois
planches. . . . . 473ᵍʳ·24
Par hectare. 1577ᵏⁱˡ47

Azote combiné dans chaque kilogramme de matière complétement privée d'humidité :

1ᵉʳ dosage. . . . . 6ᵍʳ·63 ⎫
                              ⎬ moyenne 6ᵍʳ,62
2ᵉ dosage. . . . . . . 6, 61 ⎭

Composition de la matière sèche, par kilogramme :

Matières organiques combustibles ou volatiles (déduction faite
de l'azote). . . . . 896ᵍʳ· 523
Azote en combinaison. 6, 62
Substances minérales (cendres). 96, 857

Composition des cendres :

Silice. 66, 785
Oxyde de fer. 7, 439
Acide phosphorique. 2, 591
Chaux. 11, 530
Magnésie 1, 512
Potasse. 2, 246
Soude. 2, 591
Substances diverses non dosées. . . 2, 163

3° Lot. — *Partie inférieure des tiges.*

Poids total de matière sèche récoltée sur trois
centiares . . . , ... 505,gr.54

Poids correspondant pour un hectare . 1685,kil.13

Dosage de l'*azote* : 1er dosage, 1,gr.675 par kilogrmmme.

2° dosage, 1, 784

Moyenne, 1,gr.73.

Composition de la matière complétement privée d'humidité,
sur un kilogramme :

Matières organiques combustibles ou volatiles, déduction faite de l'azote . . 970,gr.246

Azote en combinaison . , ... 1, 73.

Substances minérales (cendres). . . . 28, 024

Composition des cendres :

Silice 16, 627

Oxyde de fer. , ... 1, 009

Acide phosphorique 0, 397

Chaux 1, 596

Magnésie . . . . , . . 0, 076

Potasse 5, 853

Soude 0, 094

Substances diverses non dosées. . . . 2, 372

4° Lot — *Partie supérieure des tiges.*

Poids total de matière sèche récoltée
sur trois centiares. 203,gr.48

Poids correspondant pour un hectare. 678,^{kil.}27

Azote par kilogramme de matière sèche.

 1er dosage. . 4,^{gr.}509 } Moyenne, 4,^{gr.}518
 2e dosage. . 4, 528 }

Composition de la matière sèche, sur un kilogramme :

Matières organiques combustibles ou volatiles, déduction faite de l'azote. . . 950,^{gr.}368
Azote en combinaison. 4, 518
Substances minérales (cendres). . . . 45, 114

Composition des cendres :

Silice. 30, 027
Oxyde de fer. 0, 887
Acide phosphorique. 2, 191
Chaux. 4, 630
Magnésie. 0, 840
Potasse 2, 784
Soude. 1, 289
Substances diverses non dosées. . . . 2, 466

5e Lot. — *Épis pleins.*

Poids total de matière sèche récoltée sur trois centiares. . . . . 895^{gr.}68
Poids correspondant pour un hectare . 2985,^{kil.}6

Azote par kilogramme de matière sèche :

 1er dosage. . 17,^{gr.}305 } Moyenne, 17,^{gr.}255
 2e dosage. . 17, 205 }

Composition de la matière *sèche* sur un kilogramme :

Matières organiques combustibles ou volatiles, déduction faite de l'azote. . . 944,ᵉ 503

Azote en combinaison. 17, 255

Substances minérales (cendres). 38, 242

Composition des cendres :

Silice. 17, 684

Oxyde de fer. 30, 621

Acide phosphorique. 5, 552

Chaux. 2, 765

Magnésie. 1, 458

Potasse. 5, 827

Soude. 0, 173

Substances diverses non dosées 4, 162

J'ai résumé, comme je l'avais déjà fait pour les cinq premières séries, l'ensemble des résultats obtenus. On les trouvera réunis dans les deux tableaux XI et XII qui vont suivre.
Dans le premier, les résultats sont rapportés à un kilogramme
de plantes sèches ; dans le second, ils sont rapportés à la récolte d'un hectare supposé dans des conditions de réussite
identiques avec celles de la moyenne des types qui ont servi
à mes expériences.

XI. *Tableau.* — *Proportions et répartition des divers éléments constitutifs du blé* DANS UN KILOGRAMME DE PLANTES ENTIÈRES, *et dans leurs différentes parties, à l'époque de la maturité (30 juillet 1865).*

DÉSIGNATION DES SUBSTANCES.	Dans les racines.	Dans les feuilles mortes.	Dans la partie inférieure des tiges.	Dans la partie supérieure des tiges.	Dans les épis pleins.	Dans les plantes entières.
	gr.	gr.	gr.	gr.	gr.	gr.
Matières organiques combustibles ou volatiles, déduction faite de l'azote.	43,51	193,95	224,24	88,40	386,72	938,82
Azote en combinaison.	0,28	1,43	0,40	0,42	7,07	9,60
Silice.	2,89	11,45	3,84	2,79	7,24	31,21
Oxyde de fer.	0,41	1,60	0,23	0,08	0,25	2,57
Acide phosphorique	0,02	0,56	0,09	0,20	2,27	3,14
Chaux.	0,45	2,49	0,37	0,43	1,13	4,87
Magnésie.	0,04	0,33	0,02	0,08	0,60	1,07
Potasse	0,16	0,49	1,35	0,26	2,39	4,65
Soude.	0,03	0,56	0,02	0,12	0,07	0,80
Substances diverses non dosées.	0,31	0,47	0,55	0,23	1,71	3,27
	gr.	gr.	gr.	gr.	gr.	gr.
Totaux.	50,10	216,33	231,11	93,01	409,45	1000, »

XIIᵉ *Tableau.* — *Proportions et répartition des divers éléments constitutifs du blé* DANS LA RÉCOLTE D'UN HECTARE, *et dans ses différentes parties, à l'époque de la maturité* (30 *juillet* 1863).

DÉSIGNATION DES SUBSTANCES.	Dans les racines.	Dans les feuilles mortes.	Dans la partie inférieure des tiges.	Dans la partie supérieure des tiges.	Dans les épis pleins.	Dans les plantes entières.
	kil.	kil.	kil.	kil.	kil.	kil.
Matières organiques combustibles ou volatiles, déduction faite de l'azote.	331,8	1414,3	1634,9	641,4	2819,9	6842,3
Azote en combinaison.	2,1	10,4	2,9	3,0	51,5	69,9
Silice.	21,1	105,4	28,1	20,3	52,8	227,7
Oxyde de fer.	3,0	11,7	1,7	0,6	1,8	18,8
Acide phosphorique	0,1	4,1	0,7	1,5	16,6	23,0
Chaux.	3,3	18,2	2,7	3,1	8,3	35,6
Magnésie.	0,3	2,4	0,1	0,6	4,4	7,8
Potasse	1,2	3,5	9,9	1,9	17,4	33,9
Soude.	0,2	4,1	0,2	0,9	0,5	5,9
Substances diverses non dosées.	2,2	3,4	3,9	1,6	12,4	23,5
Totaux.	kil. 365,3	kil. 1577,5	kil. 1685,1	kil. 678,3	2985,6	7291,8

Pour faciliter la comparaison des résultats qui constatent la variation de composition de la plante et de ses diverses parties, aux différentes époques d'observation, j'ai résumé, pour chacune de ces parties, l'ensemble des données qui se rapportent à sa composition, depuis le commencement des observations dont elle a été l'objet, jusqu'à l'époque de la maturité du blé.

L'ensemble de ces données fournies par l'analyse se trouve représenté, pour chaque partie de la plante, dans deux tableaux distincts, dont l'un comprend tout ce qui se rapporte à un poids donné et constant, à un kilogramme de matière prise dans un état de complète dessiccation ; l'autre tableau contient tout ce qui se rapporte au poids par lequel se trouve représentée chaque partie, dans une récolte entière faite sur un hectare supposé dans les mêmes conditions que la moyenne des parcelles servant de types (voir les tableaux XIII à XXVI).

J'ai pensé encore qu'il ne serait pas sans intérêt de chercher à donner, par des chiffres, une idée des variations qu'éprouve moyennement, dans l'espace de vingt-quatre heures, le poids de chacun des principaux éléments constitutifs des diverses parties de la plante, pendant l'intervalle de temps qui sépare deux observations consécutives. On trouvera, dans les tableaux XXVII à XXXIII, les données qui résultent de ces comparaisons, rapportées à un hectare.

Lorsqu'au lieu d'accroissements, c'est une diminution qui a eu lieu, on l'a indiqué en faisant précéder par le signe moins (—) le nombre qui la représente.

XIII. *Tableau des variations de composition des* RACINES, *depuis le 19 avril jusqu'au 30 juillet, sur* UN KILOGRAMME *de matière sèche.*

DÉSIGNATION DES SUBSTANCES.	1re Série. — 19 avril.	2e Série. — 16 mai.	3e Série. — 13 juin.	4e Série. — 29 juin.	5e Série. — 13 juillet.	6e Série. — 30 juillet.
	gr.	gr.	gr.	gr.	gr.	gr.
Matières organiques combustibles (azote non compris).	866,744	842,733	894,186	825,673	913,975	908,340
Azote en combinaison.	17,95	12,19	6,84	5,56	5,67	5,635
Silice.	71,637	104,985	71,180	123,739	55,403	57,762
Oxyde de fer.	9,016	4,753	2,121	19,575	5,674	8,290
Acide phosphorique.	4,719	3,000	3,323	1,051	1,833	0,323
Chaux.	12,988	15,899	12,689	14,288	7,907	9,060
Magnésie.	2,113	4,477	0,848	1,190	0,775	0,868
Potasse.	5,121	2,934	4,054	4,678	2,290	3,176
Soude.	1,922	4,795	0,893	0,350	2,014	0,561
Substances diverses non dosées.	7,790	10,234	3,866	3,896	2,459	5,985
Totaux.	1000, »	1000, »	1000, »	1000, »	1000, »	1000, »

XIV. *Tableau des variations de poids des principaux éléments constitutifs* DES RACINES, *du 19 avril au 30 juillet, sur la récolte d'*UN HECTARE.

DÉSIGNATION DES SUBSTANCES.	1re Série. 19 avril.	2e Série. 16 mai.	3e Série. 18 juin.	4e Série. 29 juin.	5e Série. 13 juillet.	6e Série. 30 juillet.
	kil.	kil.	kil.	kil.	kil.	kil.
Matières organiques combustibles ou volatiles, déduction faite de l'azote	113,5	274,3	472,2	403,5	423,6	334,8
Azote en combinaison.	2,3	4,0	3,6	2,7	2,6	2,1
Silice.	9,4	34,2	37,6	60,5	25,7	21,1
Oxyde de fer.	4,2	1,5	1,1	9,6	2,6	3,0
Acide phosphorique.	0,6	1,0	1,8	0,5	0,8	0,1
Chaux.	4,7	5,2	6,7	7,0	3,7	3,3
Magnésie.	0,3	0,5	0,5	0,6	0,3	0,3
Potasse.	0,7	0,6	2,1	2,3	1,1	1,2
Soude.	0,2	0,9	0,5	0,2	0,9	0,2
Substances diverses non dosées.	1,0	3,3	2,0	4,9	2,1	2,2
Totaux.	130,9	325,5	528,1	488,8	463,4	365,3

XV. *Tableau des variations de composition des* **FEUILLES MORTES**, *depuis le 16 mai jusqu'au 30 juillet,* *sur* **UN KILOGRAMME** *de matière sèche.*

DÉSIGNATION DES SUBSTANCES.	1re Série. 19 avril.	2e Série. 16 mai.	3e Série. 13 juin.	4e Série. 29 juin.	5e Série. 13 juillet.	6e Série. 30 juillet.
		gr.	gr.	gr.	gr.	gr.
Matières organiques combustibles (azote non compris).	»	875,305	870,761	878,31.	889,825	896,523
Azote en combinaison.	»	15,29.	12,81.	10,7.	9,16.	6,62.
Silice.	»	74,954	80,874	76,211	72,952	66,785
Oxyde de fer.	»	1,802	2,971	5,737	3,700	7,439
Acide phosphorique.	»	3,748	4,809	3,254	3,148	2,591
Chaux.	»	17,912	18,668	13,886	13,380	11,530
Magnésie.	»	2,587	1,457	1,663	2,171	1,512
Potasse.	»	2,616	2,089	2,458	2,280	2,246
Soude.	»	1,470	0,889	1,865	0,906	2,591
Substances diverses non dosées.	»	4,317	4,672	5,916	2,478	2,163
Totaux.	»	1,000 »	1000, »	1000, »	1000, »	1000, »

XVI. *Tableau des variations de poids des principaux éléments constitutifs des FEUILLES MORTES, du 16 mai au 30 juillet, sur la récolte d'un HECTARE.*

DÉSIGNATION DES SUBSTANCES.	1re Série. — 19 avril.	2e Série. — 16 mai.	3e Série. — 13 juin.	4e Série. — 29 juin.	5e Série. — 13 juillet.	6e Série. — 30 juillet.
		kil.	kil.	kil.	kil.	kil.
Matières organiques combustibles ou volatiles, déduction faite de l'azote.	»	453,8	363,8	510,2	412,6	1414,3
Azote en combinaison.	»	2,7	5,4	6,2	4,3	10,4
Silice.	»	13,2	33,8	44,3	33,8	105,4
Oxyde de fer.	»	0,3	1,2	3,3	1,7	11,7
Acide phosphorique	»	0,7	2,0	1,9	1,5	4,1
Chaux.	»	3,1	7,8	8,1	6,2	18,2
Magnésie.	»	0,4	0,6	1,0	1,0	2,4
Potasse	»	0,5	0,9	1,4	1,1	3,5
Soude.	»	0,3	0,4	1,1	0,4	1,1
Substances diverses non dosées.	»	0,7	1,9	3,4	1,1	3,4
Totaux.	»	175,7	417,8	580,9	463,7	1577,5

XVII. *Tableau des variations de composition des* FEUILLES VERTES, *depuis le* 19 *avril jusqu'au* 13 *juillet,* sur UN KILOGRAMME *de matière sèche.*

DÉSIGNATION DES SUBSTANCES.	1re Série. — 19 avril.	2e Série. — 16 mai.	3e Série. — 13 juin.	4e Série. — 29 juin.	5e Série. — 13 juillet.	6e Série. — »
	gr.	gr.	gr.	gr.	gr.	gr.
Matières organiques combustibles (azote non compris).	884,208	895,452	905,743	897,790	901,523	»
Azote en combinaison.	35,6..	28,255	17,88.	15,085	9,700	»
Silice.	25,06C	28,395	44,826	44,092	48,725	»
Oxyde de fer.	1,270	4,152	6,272	7,936	4,015	»
Acide phosphorique	7,200	6,372	2,754	2,681	3,801	»
Chaux.	14,777	12,044	8,584	10,840	14,043	»
Magnésie.	2,682	3,091	1,667	2,681	1,178	»
Potasse.	16,243	8,972	6,478	12,509	7,640	»
Soude.	3,868	1,719	2,014	1,053	3,601	»
Substances diverses non dosées. .	9,092	11,548	3,782	5,333	5,774	»
Totaux.	1000, »	1000, »	1000, »	1000, »	1000, »	»

XVIII. *Tableau des variations de poids des principaux éléments constitutifs des* **FEUILLES VERTES** *sur la récolte d'*UN HECTARE*, du 19 avril au 13 juillet.*

DÉSIGNATION DES SUBSTANCES.	1re Série. 19 avril.	2e Série. 16 mai.	3e Série. 13 juin.	4e Série. 29 juin.	5e Série. 13 juillet.	6e Série. 30 juillet.
	kil.	kil.	kil.	kil.	kil.	kil.
Matières organiques combustibles ou volatiles, déduction faite de l'azote.	888,0	1573,3	1866,6	1439,5	1285,3	»
Azote en combinaison.	35,8	49,6	36,8	24,2	13,8	»
Silice.	25,2	49,9	92,4	70,7	69,5	»
Oxyde de fer.	1,3	7,3	10,7	12,7	5,7	»
Acide phosphorique.	7,2	11,2	5,7	4,3	5,4	»
Chaux.	14,8	21,2	17,7	17,4	20,0	»
Magnésie.	2,7	5,4	3,4	4,3	1,7	»
Potasse.	16,3	15,8	13,4	20,0	10,9	»
Soude.	3,9	3,0	5,1	1,7	5,1	»
Substances diverses non dosées.	9,1	20,3	10,0	8,5	8,2	»
Totaux.	1004,3	1757,0	2060,8	1603,3	1425,6	»

XIX. *Tableau des variations de composition de la* PARTIE INFÉRIEURE DES TIGES, *du 16 mai au 30 juillet, sur* UN KILOGRAMME *de matière sèche.*

DÉSIGNATION DES SUBSTANCES.	1re SÉRIE. — 19 avril.	2e SÉRIE. — 16 mai.	3e SÉRIE. — 13 juin.	4e SÉRIE. — 29 juin.	5e SÉRIE. — 13 juillet.	6e SÉRIE. — 30 juillet.
Matières organiques combustibles (azote déduit).	gr. »	gr. 938,356	gr. 962,987	gr. 970,159	gr. 971,513	gr. 970,246
Azote en combinaison.	»	12,54.	7,21.	4,290	3,02.	1,73.
Silice.	»	9,534	10,055	11,809	12,910	16,627
Oxyde de fer.	»	3,698	0,715	1,195	1,005	1,009
Acide phosphorique.	»	3,796	2,878	1,567	1,061	0,397
Chaux.	»	4,036	3,758	1,956	1,940	1,596
Magnésie.	»	1,003	1,294	0,292	0,421	0,076
Potasse.	»	14,459	6,057	6,902	4,593	5,853
Soude.	»	2,150	1,313	0,826	1,048	0,094
Substances diverses non dosées. . .	»	10,428	3,733	1,004	2,489	2,372
Totaux.	»	1000, »	1000, »	1000, »	1000, »	1000, »

XX. *Tableau des variations de poids des principaux éléments constitutifs de la* PARTIE INFÉRIEURE DES TIGES, *sur la récolte d'un* HECTARE *(du 16 mai au 30 juillet).*

DÉSIGNATION DES SUBSTANCES.	1re SÉRIE. — 19 avril.	2e SÉRIE. — 16 mai.	3e SÉRIE. — 13 juin.	4e SÉRIE. — 29 juin.	5e SÉRIE. — 13 juillet.	6e SÉRIE. — 30 juillet.
	kil.	kil.	kil.	kil.	kil.	kil.
Matières organiques combustibles ou volatiles, déduction faite de l'azote.	»	414,0	2027,8	2457,6	1931,8	1634,9
Azote en combinaison.	»	5,5	15,2	10,9	6,0	2,9
Silice.	»	4,2	24,2	29,9	25,7	28,1
Oxyde de fer.	»	1,6	1,5	3,0	2,0	1,7
Acide phosphorique	»	1,7	6,1	4,0	2,1	0,7
Chaux.	»	1,8	7,9	4,9	3,9	2,7
Magnésie.	»	0,4	2,7	0,7	0,8	0,1
Potasse	»	6,4	12,7	17,5	9,1	9,9
Soude.	»	0,9	2,8	2,1	2,1	0,2
Substances diverses non dosées.	»	4,6	7,8	2,5	5,0	3,9
Totaux.	»	441,1	2105,7	2533,1	1988,5	1685,1

XXI. *Tableau des variations de composition de la* PARTIE SUPÉRIEURE DES TIGES, *du 13 juin au 30 juillet, sur* UN KILOGRAMME *de matière sèche.*

DÉSIGNATION DES SUBSTANCES.	1re SÉRIE. —	2e SÉRIE. — 16 mai.	3e Série. — 13 juin.	4e SÉRIE. — 29 juin.	5e SÉRIE. — 13 juillet.	6e SÉRIE. — 30 juillet.
Matières organiques combustibles (azote déduit).	gr. »	gr. »	gr. 924,916	gr. 937,373	gr. 958,343	gr. 950,368
Azote en combinaison.	»	»	21,18 .	18,86 .	9,090	4,518
Silice.	»	»	13,761	22.369	17,173	30,027
Oxyde de fer.	»	»	0,785	0,210	0,692	0,887
Acide phosphorique.	»	»	5,134	5,392	1,560	2,191
Chaux.	»	»	6,381	3,690	2,351	4,630
Magnésie.	»	»	0,714	0,490	0,572	0,840
Potasse.	»	»	12,519	8,708	4,889	2,784
Soude.	»	»	2,857	1,129	2,673	1,289
Substances diverses non dosées.	»	»	11,753	1,869	2,647	2,466
Totaux.	»	»	1000, »	1000, »	1000, »	1000, »

XXII. *Tableau des variations de poids des principaux éléments constitutifs de la* **PARTIE SUPÉRIEURE** *DES TIGES pour* **UN HECTARE**, *du 19 avril au 30 juillet.*

DÉSIGNATION DES SUBSTANCES.	1re Série. — 19 avril.	2e Série. — 19 mai.	3e Série. — 13 juin.	4e Série. — 29 juin.	5e Série. — 13 juillet.	6e Série. — 30 juillet.
Matières organiques combustibles ou volatiles, déduction faite de l'azote.	kil. »	kil. »	kil. 126,8	kil. 792,6	kil. 821,4	kil. 641,4
Azote en combinaison.	»	»	2,9	16,9	7,8	3,0
Silice.	»	»	1,9	18,8	14,7	20,3
Oxyde de fer.	»	»	0,1	0,2	0,6	0,6
Acide phosphorique.	»	»	0,7	4,6	1,3	1,5
Chaux.	»	»	0,9	3,1	2,0	3,1
Magnésie.	»	»	0,1	0,4	0,5	0,6
Potasse.	»	»	4,7	7,4	4,2	4,9
Soude.	»	»	0,4	0,9	2,3	0,9
Substances diverses non dosées.	»	»	1,6	1,6	2,3	1,6
Totaux.	»	»	137,1	845,5	857,1	674,9

XXIII. *Tableau des variations de composition des* ÉPIS PLEINS, *depuis le 13 juin jusqu'au 30 juillet, sur* UN KILOGRAMME *de matière sèche.*

DÉSIGNATION DES SUBSTANCES.	1re Série.	2e Série.	3e Série.	4e Série.	5e Série.	6e Série.
	—	—	—	—	—	—
	»	»	13 juin.	29 juin.	13 juillet.	30 juillet.
Matières organiques combustibles (azote déduit)	gr. »	gr. »	gr. 940,737	gr. 931,364	gr. 943,007	gr. 944,503
Azote en combinaison	»	»	19,98.	16,89.	15,45.	17,255
Silice	»	»	7,312	29,904	20,099	17,684
Oxyde de fer	»	»	1,003	1,343	2,193	0,621
Acide phosphorique	»	»	3,763	3,747	3,919	5,552
Chaux	»	»	5,481	4,701	3,735	2,765
Magnésie	»	»	1,003	0,636	0,248	1,458
Potasse	»	»	13,763	6,719	3,549	5,827
Soude	»	»	0,968	0,919	0,274	0,473
Substances diverses non dosées	»	»	5,990	3,780	7,529	4,162
Totaux	»	»	1000, »	1000, »	1000, »	1000, »

XXIV. *Tableau des variations du poids des principaux éléments constitutifs des ÉPIS PLEINS, pour*
UN HECTARE *(du 19 avril au 30 juillet 1863).*

DÉSIGNATION DES SUBSTANCES.	1re Série. 19 avril.	2e Série. 16 mai.	3e Série. 18 juin.	4e Série. 29 juin.	5e Série. 13 juillet.	6e Série. 30 juillet.
Matières organiques combustibles ou volatiles, déduction faite de l'azote.	»	»	kil. 577,4	kil. 883,2	kil. 2069,8	kil. 2819,9
Azote en combinaison.	»	»	12,3	16,0	33,9	84,5
Silice.	»	»	4,5	28,3	44,1	52,8
Oxyde de fer.	»	»	0,6	1,3	4,8	4,8
Acide phosphorique	»	»	2,3	3,5	7,4	16,6
Chaux.	»	»	3,4	4,5	8,2	8,3
Magnésie.	»	»	0,6	1,6	1,5	4,4
Potasse.	»	»	8,4	6,4	7,9	47,4
Soude.	»	»	0,6	0,9	0,6	0,5
Substances diverses non dosées.	»	»	3,7	2,6	17,0	12,4
Totaux.	»	»	643,8	948,3	2914,9	2985,6

XXV. *Tableau des variations de composition de* LA PLANTE ENTIÈRE, *du 19 avril au 30 juillet,* *sur* UN KILOGRAMME *de matière sèche.*

DÉSIGNATION DES SUBSTANCES.	1re Série. — 19 avril.	2e Série. — 16 mai.	3e Série. — 13 juin.	4e Série. — 29 juin.	5e Série. — 13 juillet.	6e Série. — 30 juillet.
	gr	gr.	gr.	gr.	gr.	gr.
Matières organiques combustibles ou volatiles, déduction faite de l'azote.	882,194	894,801	926,878	926,658	939,42	938,82
Azote.	33,564	22,910	12,989	10,849	9,24	9,60
Silice.	30,432	37,589	32,627	36,077	28,87	31,21
Oxyde de fer.	2,162	3,996	2,619	4,301	2,36	2,57
Acide phosphorique.	6,944	5,354	3,158	2,683	2,63	3,14
Chaux.	14,571	11,585	7,563	6,423	5,95	4,87
Magnésie.	2,617	2,523	1,353	1,087	1,02	1,07
Potasse.	14,960	8,604	6,700	7,855	4,62	4,65
Soude.	3,644	1,902	1,490	0,980	1,54	0,80
Substances diverses non dosées.	8,942	10,736	4,623	3,087	4,56	3,27
Totaux.	1000, »	1000, »	1000, »	1000, »	1000, »	1000, »

XXVI. *Tableau des variations de poids des principaux éléments constitutifs des* **PLANTES ENTIÈRES,** *sur la récolte d'*UN HECTARE, *du 19 avril au 30 juillet 1863.*

DÉSIGNATION DES SUBSTANCES.	1re Série. — 19 avril.	2e Série. — 16 mai.	3e Série. — 13 juin.	4e Série. — 29 juin.	5e Série. — 13 juillet.	6e Série. — 30 juillet.
	kil.	kil.	k l.	kil.	kil.	kil.
Matières organiques combustibles ou volatiles, déduction faite de l'azote.	1001,5	2415,4	5434,7	6486,5	6944,5	6845,3
Azote en combinaison.	38,1	61,8	76,2	75 9	6 ,4	69,9
Silice.	34,6	101,4	191,3	252,5	213,5	227,7
Oxyde de fer.	2,	10,8	15,3	30,	17,4	18,8
Acide phosphorique	7,8	14,5	18,5	18,8	17,5	23,0
Chaux.	16,5	31,3	44,3	45,0	44,0	35,6
Magnésie.	3,0	6,8	7,9	8,6	7,3	7,8
Potasse	17,0	23,2	39,3	55,0	34,3	33,9
Soude.	4,1	5,4	8,7	6,9	11,4	5,9
Substances diverses non dosées.	10,1	29,0	27,4	20,6	34,2	23,5
Totaux.	1435,2	2699,3	5863 3	6999,9	7393,2	7291,4

XXVII. *Accroissement moyen par 24 heures du* POIDS TOTAL DE LA RÉCOLTE, *pour* UN HECTARE.

(Les nombres précédés du signe moins (—) représentent une diminution au lieu d'un accroissement.)

DÉSIGNATION DES PARTIES DE LA PLANTE.	Du 19 avril au 16 mai.	Du 16 mai au 13 juin.	Du 13 juin au 29 juin.	Du 29 juin au 13 juillet.	Du 13 juillet au 30 juillet.
	kil.	kil.	kil.	kil.	kil.
Racines	7,207	7,236	—2,456	—1,814	—5,771
Feuilles mortes	6,507	8,646	10,494	—8,371	65,517
Feuilles vertes	27,878	10,850	—28,594	—12,693	—83,859
Partie inférieure des tiges	16,337	59,450	26,712	—38,900	—17,965
Partie supérieure des tiges	»	8,896	44,275	0,829	—10,717
Épis pleins	»	21,921	20,906	89,043	46,311
Plantes entières	57,929	113,000	71,037	28,093	—6,161

XXVIII. *Accroissement moyen du poids des* MATIÈRES ORGANIQUES, *(non compri l'azote), en 24 heures,*
pour UN HECTARE.

(Les nombres précédés du signe moins (—) représentent une diminution au lieu d'un accroissement.)

DÉSIGNATION DES PARTIES DE LA PLANTE.	Du 19 avril au 16 mai.	Du 16 mai au 13 juin.	Du 13 juin au 29 juin.	Du 29 juin au 13 juillet.	Du 13 juillet au 30 juillet.
	kil.	kil.	kil.	kil.	kil.
Racines.	5,965	7,068	—4,294	1,430	—5,400
Feuilles mortes.	»	7,500	9,145	—6,970	58,923
Feuilles vertes	25,380	10,475	—26,756	— 11,010	»
Partie inférieure des tiges . .	15,333	57,635	26,861	—37,555	—17,465
Partie supérieure des tiges . .	»	4,530	41,610	2,057	—10,588
Epis pleins.	»	20,622	10,111	84,757	44,300
Plantes entières.	52,366	107,831	65,740	32,713	—5,835

XXIX. *Accroissement moyen par 24 heures du poids de l'AZOTE en combinaison, pour UN HECTARE.*

(Les nombres précédés du signe moins (—) représentent une diminution au lieu d'un accroissement.)

DÉSIGNATION DES PARTIES DE LA PLANTE.	Du 19 avril au 16 mai.	Du 16 mai au 13 juin.	Du 13 juin au 29 juin.	Du 29 juin au 13 juillet.	Du 13 juillet au 30 juillet.
	gr.	gr.	gr.	gr.	gr.
Racines.	62	—12	—56	—8	—29
Feuilles mortes	99	95	54	—137	376
Feuilles vertes.	513	—457	—792	—742	»
Partie inférieure des tiges.	205	345	—270	—219	—288
Partie supérieure des tiges.	»	103	815	—668	—176
Épis pleins.	»	438	234	1271	863
Plantes entières.	879	513	—14	—539	—88

XXX. *Accroissement moyen par 24 heures du poids de l'ACIDE PHOSPHORIQUE, pour UN HECTARE.*

(Les nombres précédés du signe moins (—) représentent une diminution au lieu d'un accroissement.)

DÉSIGNATION DES PARTIES DE LA PLANTE.	Du 19 avril au 16 mai.	Du 16 mai au 13 juin.	Du 13 juin au 29 juin.	Du 29 juin au 13 juillet.	Du 13 juillet au 30 juillet.
	gr.	gr.	gr.	gr.	gr.
Racines.	14	29	—78	20	—41
Feuilles mortes	24	48	—7	—28	153
Feuilles vertes.	148	—197	—86	79	—317
Partie inférieure des tiges.	62	157	—131	—134	—82
Partie supérieure des tiges.	»	25	241	—233	12
Épis pleins.	»	82	77	203	600
Plantes entières.	248	144	16	—91	323

XXXI. *Accroissement moyen par 24 heures du poids des ALCALIS, pour UN HECTARE.*

(Les nombres qui sont précédés du signe moins (—) représentent une diminution au lieu d'un accroissement.)

DÉSIGNATION DES PARTIES DE LA PLANTE.	Du 19 avril au 16 mai.	Du 16 mai au 13 juin.	Du 13 juin au 29 juin.	Du 29 juin au 13 juillet.	Du 13 juillet au 30 juillet.
	gr.	gr.	gr.	gr.	gr.
Racines.	24	38	—40	—33	—35
Feuilles mortes.	27	49	79	—72	360
Feuilles vertes.	—52	—47	267	—410	»
Partie inférieure des tiges.	271	292	253	—598	—6
Partie supérieure des tiges.	»	75	388	—130	—218
Épis pleins.	»	323	—142	90	553
Plantes entières.	269	701	866	—1153	—347

XXXII. *Accroissement moyen par 24 heures du poids de la SILICE, pour* UN HECTARE.

(Les nombres précédés du signe moins (—) représentent une diminution au lieu d'un accroissement.)

DÉSIGNATION DES PARTIES DE LA PLANTE.	Du 19 avril au 16 mai.	Du 16 mai au 13 juin.	Du 13 juin au 29 juin.	Du 29 juin au 13 juillet.	Du 13 juillet au 30 juillet.
	kil.	kil.	kil.	kil.	kil.
Racines.	0,917	0,122	1,430	—2,484	—0,271
Feuilles mortes.	0,488	0,736	0,655	—0,748	1,212
Feuilles vertes	0,914	1,517	—1,355	—0,085	»
Partie inférieure des tiges.	0,156	0,606	0,546	—0,301	0,141
Partie supérieure des tiges	»	0,067	1,059	—0,295	0,329
Épis pleins	»	0,160	1,491	1,124	0,513
Plantes entières.	2,475	3,209	3,826	—2,788	0,835

XXXIII. *Accroissement moyen par 24 heures du poids de la* CHAUX *et de la* MAGNÉSIE, *pour* UN HECTARE.

(Les nombres précédés du signe moins (—) expriment une diminution au lieu d'un accroissement.)

DÉSIGNATION DES PARTIES DE LA PLANTE.	Du 19 avril au 16 mai.	Du 16 mai au 13 juin.	Du 13 juin au 29 juin.	Du 29 juin au 13 juillet.	Du 13 juillet au 30 juillet.
	gr.	gr.	gr.	gr.	gr.
Racines.	130	56	7	—230	—24
Feuilles mortes	»	174	17	—133	706
Feuilles vertes.	237	—130	—20	187	»
Partie inférieure des tiges.	»	226	—184	—75	—71
Partie supérieure des tiges	»	»	139	—80	65
Epis pleins.	»	»	72	267	6
Plantes entières.	518	181	41	—69	—494

Représentation graphique des résultats obtenus.

Pour permettre de mieux saisir dans son ensemble, et d'un seul coup d'œil, la marche comparée des variations correspondantes, soit dans la *proportion*, soit dans le *poids total* de tel ou tel des éléments constitutifs de la plante ou de ses diverses parties, j'ai représenté (pages 221 à 236), la marche de ces variations par des séries de courbes dont je vais essayer d'expliquer la construction en peu de mots.

Sur une ligne droite tracée au bas de chaque page, à partir d'un point situé à l'extrême gauche de la ligne et marqué 19 *avril*, date de la première observation, on compte des distances égales, figurées ici par des millimètres, et destinées à représenter des jours, de telle sorte qu'un intervalle de trente jours, par exemple, soit représenté par une longueur triple de celle qui représente un intervalle de dix jours, et ainsi de suite ; c'est ainsi qu'ont été définies les indications des 1er et 15 mai, 1er et 15 juin, 1er, 15 et 30 juillet.

Perpendiculairement à cette première direction, j'ai tracé des lignes correspondant à chaque jour d'observation, puis sur ces lignes, à partir du point de départ inférieur, j'ai déterminé des longueurs proportionnelles aux poids qu'il s'agissait de représenter. (Ces poids sont exprimés en kilogrammes dans les séries de courbes de numéros impairs qui représentent les résultats obtenus sur la récolte produite par un hectare ; ils sont exprimés en grammes dans les séries de courbes de numéros pairs, qui représentent les proportions de chaque substance contenue dans un kilogramme de matière sèche prise soit dans la plante entière, soit dans ses différentes parties.)

En joignant par un trait continu les extrémités supérieures de ces lignes qui se rapportent à *une même partie* de la plante (feuilles mortes, racines, épis, etc.), on obtient une ligne courbe continue qui peut servir à représenter la marche des variations du poids total ou de la proportion de la substance dont il s'agit dans la partie de la plante que l'on considère.

Pour faciliter l'appréciation de ces poids, on les a inscrits de distance en distance, sur celle des perpendiculaires qui correspond à l'origine des observations, au 19 avril, puis on a mené des parallèles dont chacune correspond à des points situés à la même hauteur.

Pour obtenir, au moyen de ces représentations *graphiques*, le poids total ou la proportion d'une substance correspondant à une époque déterminée, il suffit de chercher cette époque sur la ligne inférieure, puis de s'élever perpendiculairement jusqu'à la courbe qui représente la variation du poids ou de la proportion de cette substance dans la partie de plantes qu'on a en vue ; la parallèle qui viendra passer par ce point de la courbe viendra rencontrer la perpendiculaire de gauche en un point qui donnera le poids cherché.

Pour éviter au lecteur des recherches embarrassantes, on a écrit, sur chaque courbe, la partie de la plante à laquelle elle se rapporte.

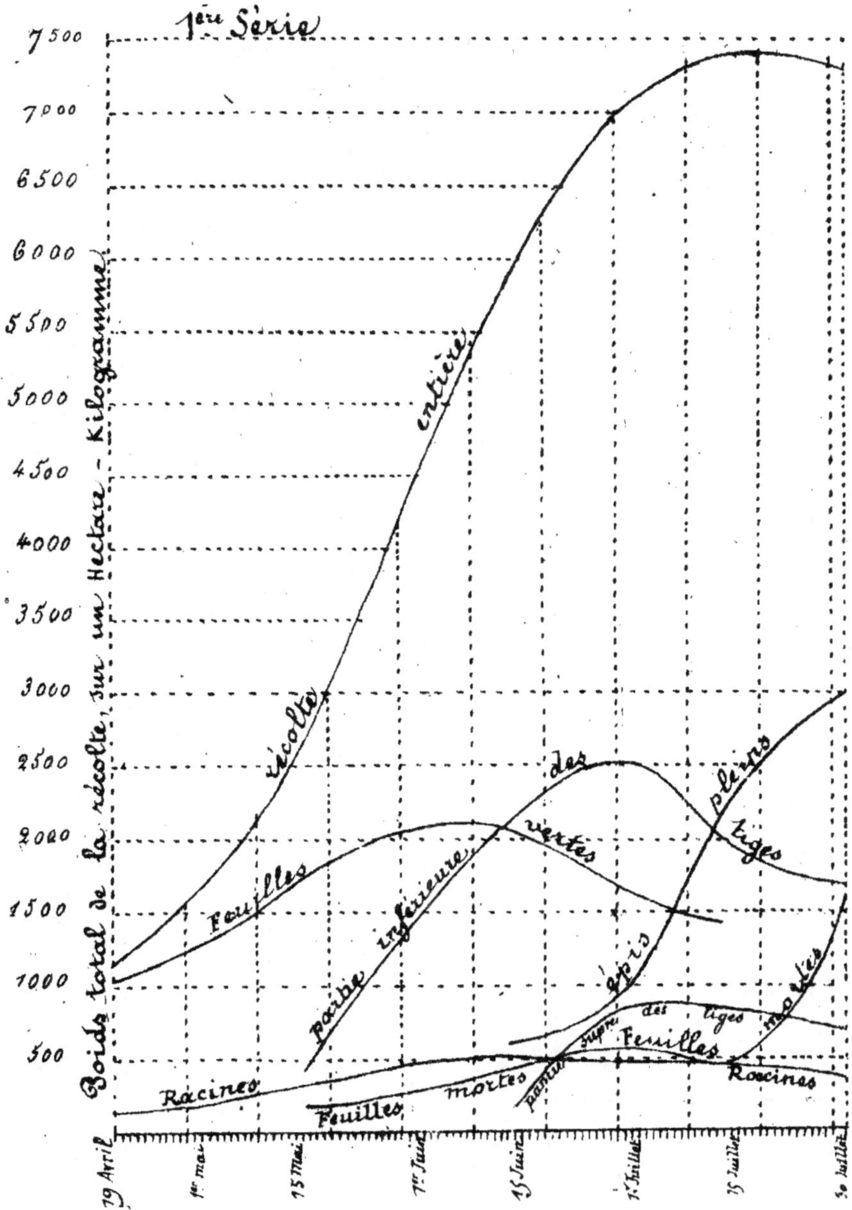

Etudes sur la composition du Blé.
1ère Série
Poids total de la récolte, sur un Hectare – Kilogramme
7500
7000
6500
6000
5500
5000
4500
4000
3500
3000
2500
2000
1500
1000
500
récolte entière
Feuilles
paille inférieure
vertes
des
pleins tiges
après
des tiges mortes
Feuilles
panie supér
mortes
Feuilles
Racines
Racines
19 Avril
1er Mai
15 Mai
1er Juin
15 Juin
1er Juillet
15 Juillet
30 Juillet

Etudes sur la composition du Blé.

2ᵉ Série

Proportions de matières organiques par Kilogramme. — (grammes)

1000 — 900 — 800 — 700 — 600 — 500 — 400 — 300 — 200 — 100

Partie inférieure des tiges

Partie supérieure des tiges

Épis pleins

Plantes entières

Racines

Feuilles vertes entières

Plantes

Racines

Feuilles mortes

Feuilles vertes

Racines

15 Avril — 1ᵉʳ Mai — 15 Mai — 1ᵉʳ Juin — 15 Juin — 1ᵉʳ Juillet — 15 Juillet — 30 Juillet

Études sur la composition du Blé
3ᵉ Série
Des matières organiques par hectare — Kilogrammes
Poids
7000
6500
6000
5500
5000
4500
4000
3500
3000
2500
2000
1500
1000
500
récolte entière
feuilles vertes
partie inférieure
racines
dos
épis
pleines tiges
feuilles
racines
tiges
15 Avril
1ᵉʳ Mai
15 Mai
1ᵉʳ Juin
15 Juin
1ᵉʳ Juillet
15 Juillet
31 Juillet

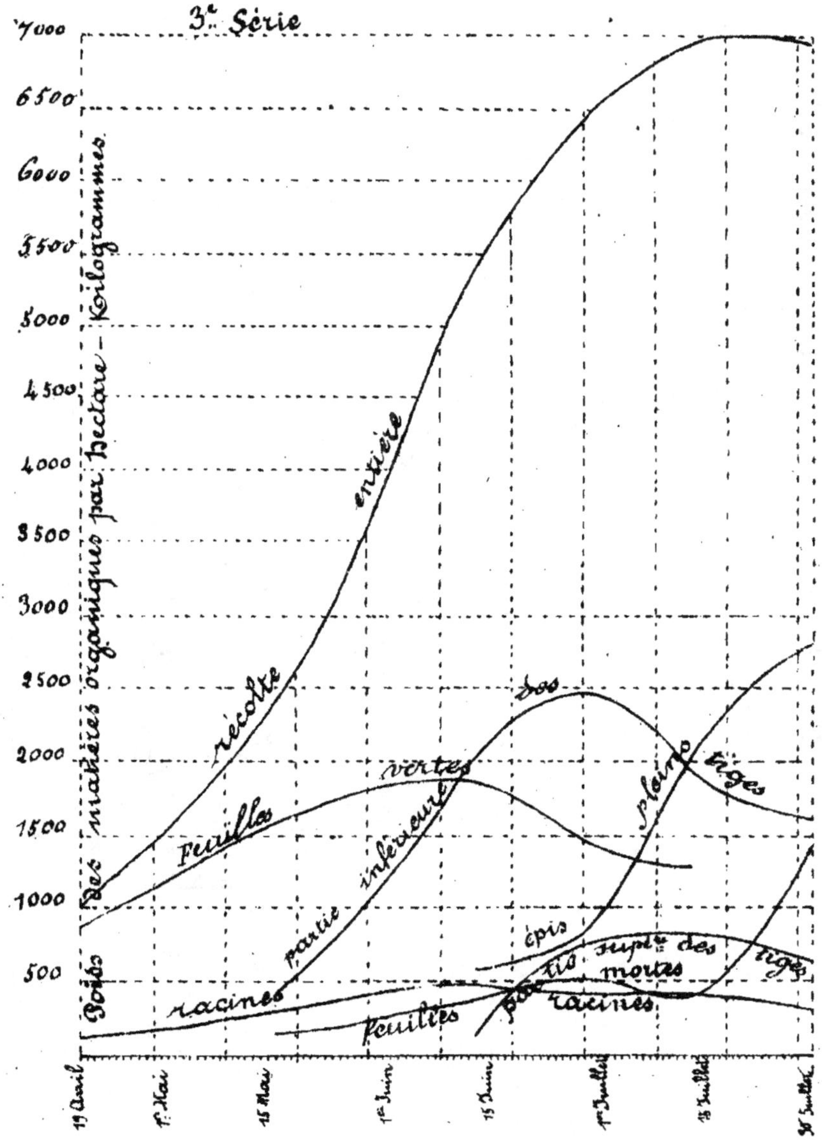

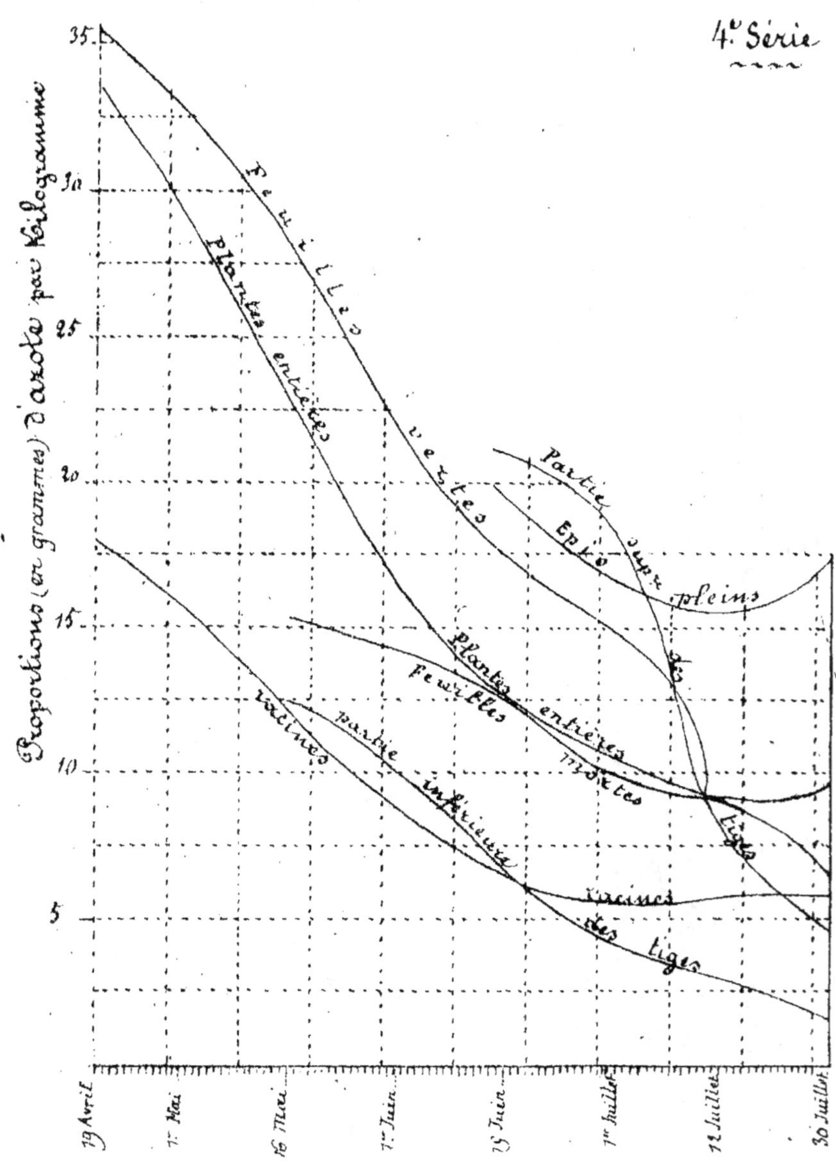

Études sur la composition du Blé
4.e Série
Proportions (en grammes) d'azote par kilogramme
35
30
25
20
15
10
5
Feuilles vertes
Plantes entières
Partie supérieure pleins
Épis
Plantes entières
Feuilles mortes
racines
partie inférieure
tiges
racines
des tiges
19 Avril
7.r Mai
19 Mai
7.r Juin
19 Juin
1.er Juillet
19 Juillet
30 Juillet

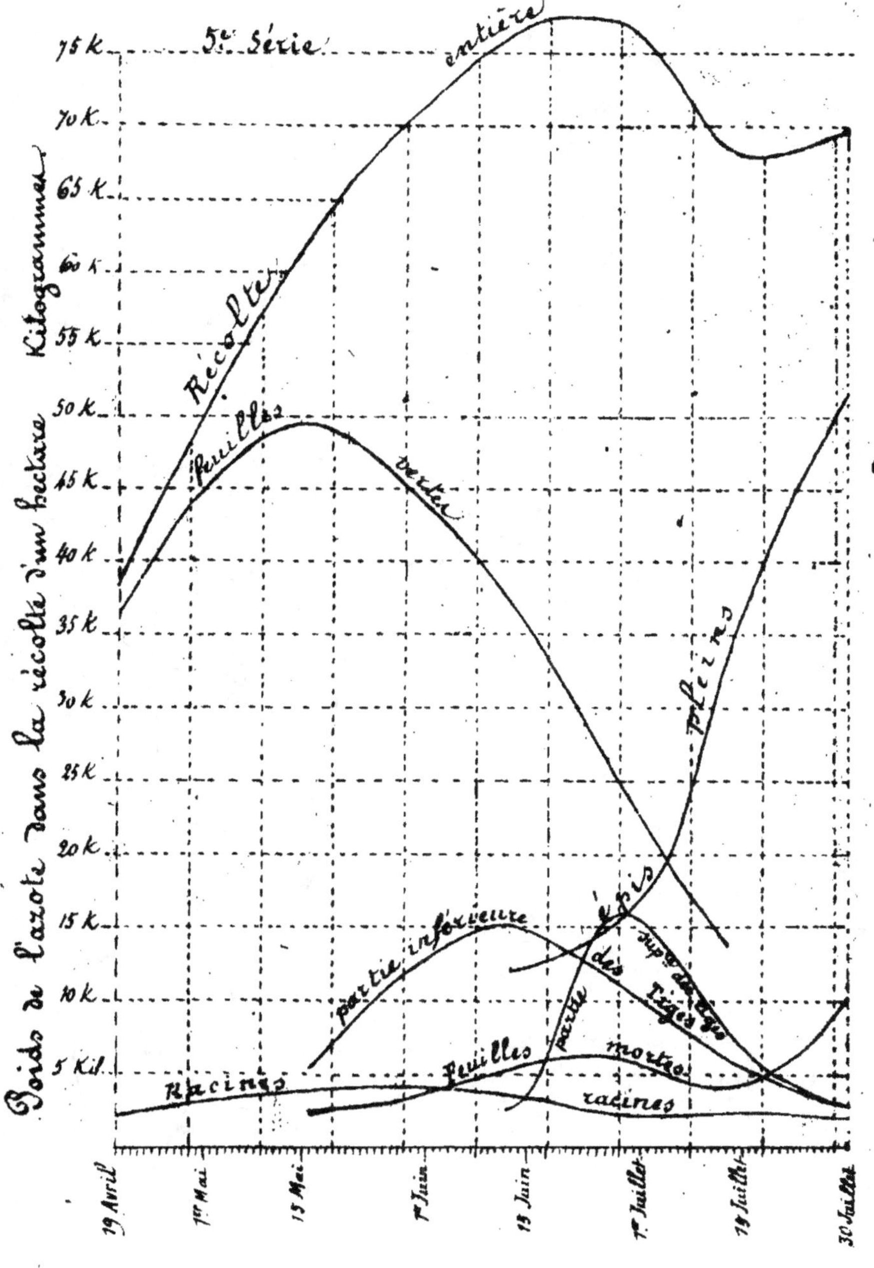

Etudes sur la composition du Blé.
5e Série
entière
Récolte
Feuilles
vertes
pleines
partie inférieure
partie supérieure des Tiges
des Tiges
Racines
Feuilles mortes
racines
Poids de l'azote dans la récolte d'un hectare   Kilogrammes
75 k
70 k
65 k
60 k
55 k
50 k
45 k
40 k
35 k
30 k
25 k
20 k
15 k
10 k
5 Kil
19 Avril
1er Mai
15 Mai
1er Juin
15 Juin
1er Juillet
19 Juillet
30 Juillet

Etudes sur la composition du Blé
6.e Série
Fig. 6. Proportions (en grammes) d'acide phosphorique par kilogramme.
Feuilles vertes
Plantes entières
Feuilles mortes
Feuilles vertes
Racines
Partie verte du
Racines
Plantes entières
Feuilles mortes
partie sup.re épis pleins
Racines
tiges
Racines
19 Avril
1er Mai
15 Mai
1er Juin
15 Juin
1er Juillet
15 Juillet
30 Juillet
1
2
3
4
5
6
7

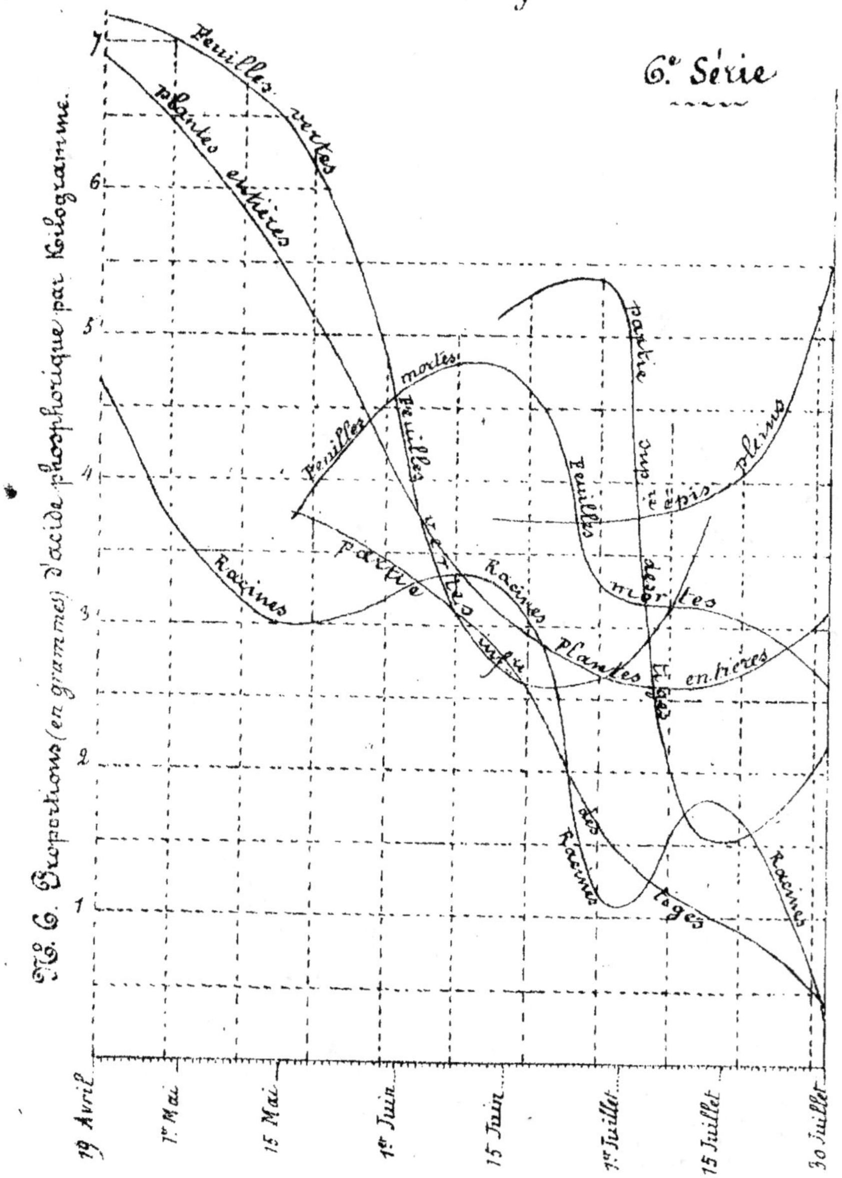

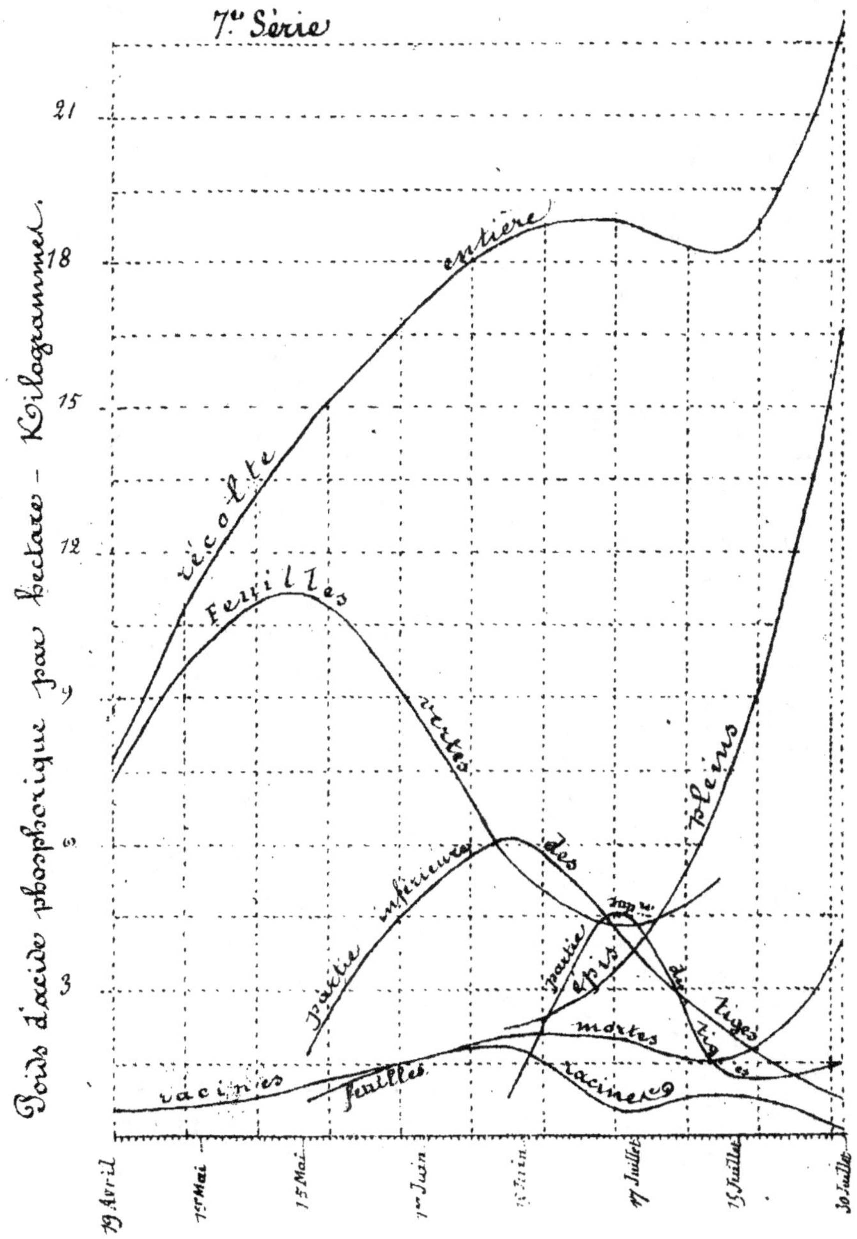

Etudes sur la composition du Blé.
7.ᵉ Série
Poids d'acide phosphorique par hectare — Kilogramme.
21
18
15
12
9
6
3
récolte
entière
Feuilles
vertes
parties inférieures
des
épis
top.
pleins
partie
mortes
feuilles
racines
racines
tiges
19 Avril
1.ᵉʳ Mai
15 Mai
1.ᵉʳ Juin
15 Juin
1.ᵉʳ Juillet
15 Juillet
30 Juillet

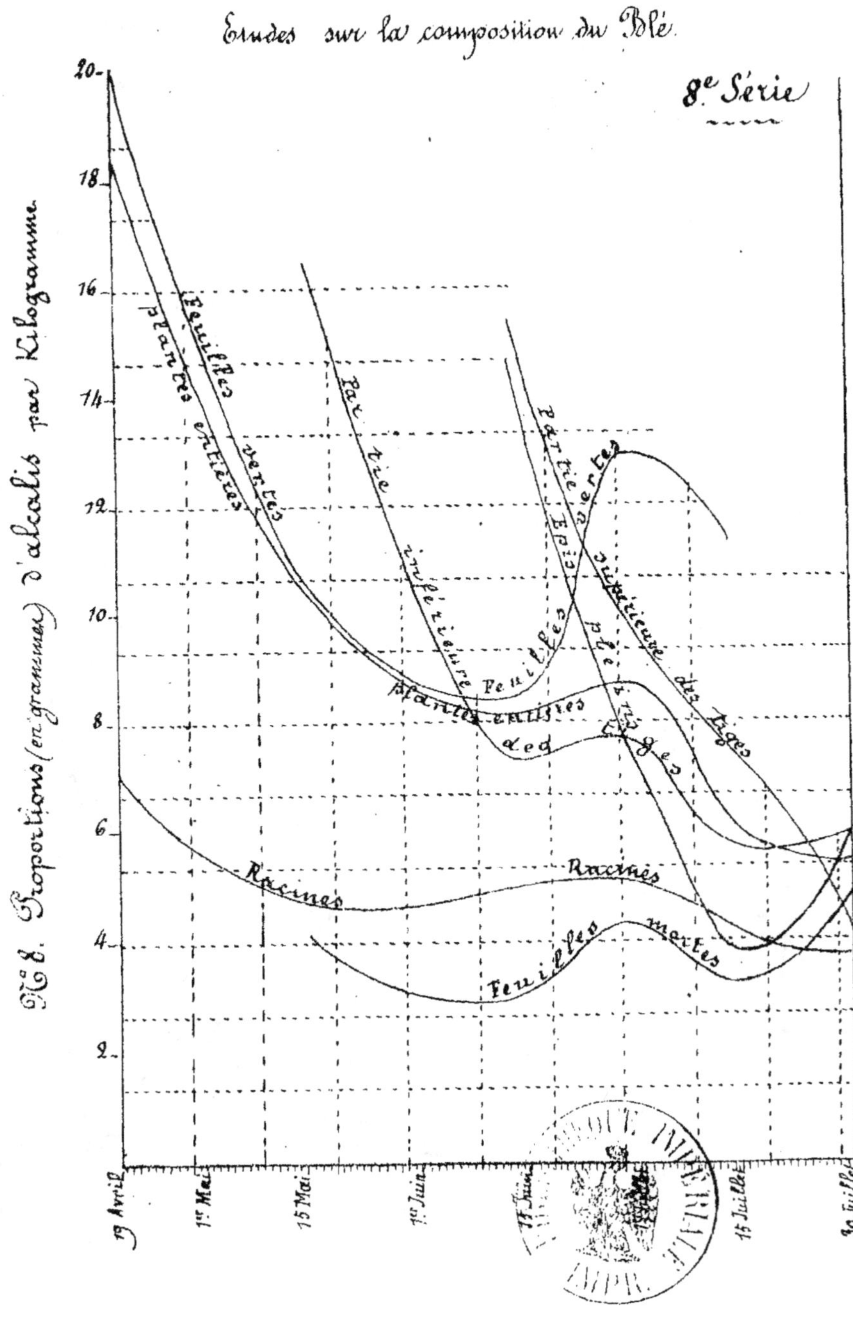

Études sur la composition du Blé.
8e Série
N°8. Proportions (en grammes) d'alcalis par Kilogramme
Feuilles vertes
Plantes entières
Partie inférieure
Partie supérieure des Tiges
Plantes entières des Tiges
Racines
Racines
Feuilles mortes
20
18
16
14
12
10
8
6
4
2
15 Avril
1er Mai
15 Mai
1er Juin
15 Juin
15 Juillet
30 Juillet

Etudes sur la composition du Blé.

9e Série

Poids des alcalis par Hectare (Kilogrammes).

60 — 56 — 52 — 48 — 44 — 40 — 36 — 32 — 28 — 24 — 20 — 16 — 12 — 8 — 4

récolte entière

feuilles vertes

partie inférieure

des tiges

épis supérieurs plein

des tiges

partie

racines

feuilles

racines mortes

15 Avril — 1er Mai — 15 Mai — 1er Juin — 15 Juin — 1er Juillet — 15 Juillet — 30 Juillet

Études sur la composition du Blé

10ᵉ Série

Proportions (en grammes) de Silice par kilogramme.

125 · 112,5 · 100 · 87,5 · 75 · 62,50 · 50 · 37,50 · 25 · 12,50

Racines

Feuilles mortes

Racines

Racines

Plantes entières

vertes

Feuilles

Épis pleins des tiges

Partie supre

Partie inférieure des tiges.

10 Avril — 1er Mai — 15 Mai — 1er Juin — 15 Juin — 1er Juillet — 15 Juillet — 30 Juillet

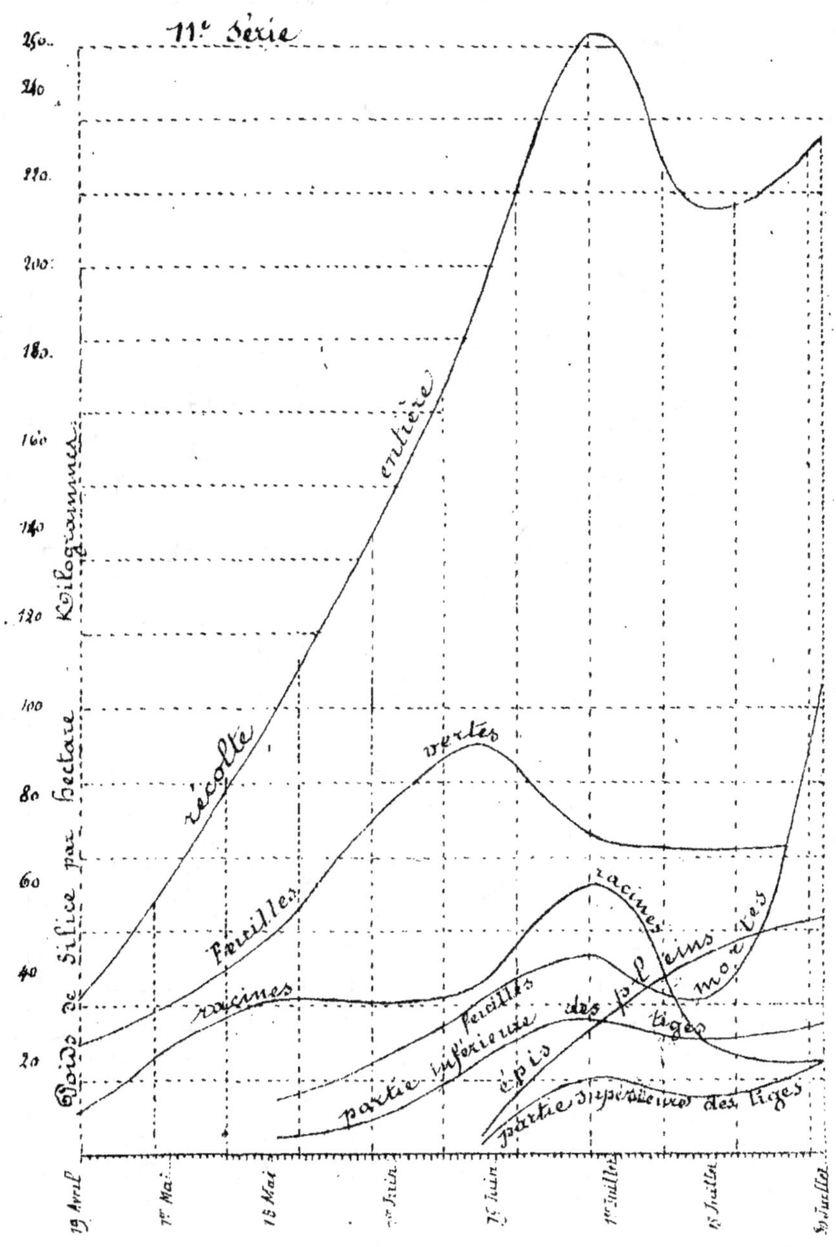

Études sur la composition du Blé.
11e Série
Kilogrammes
Poids de Silice par hectare
récolte
entière
vertes
feuilles
racines
racines
feuilles
partie inférieure des tiges
épis
pleins
moyennes
tiges
partie supérieure des tiges
250
240
220
200
180
160
140
120
100
80
60
40
20
19 Avril
1er Mai
15 Mai
1er Juin
15 Juin
1er Juillet
15 Juillet
31 Juillet

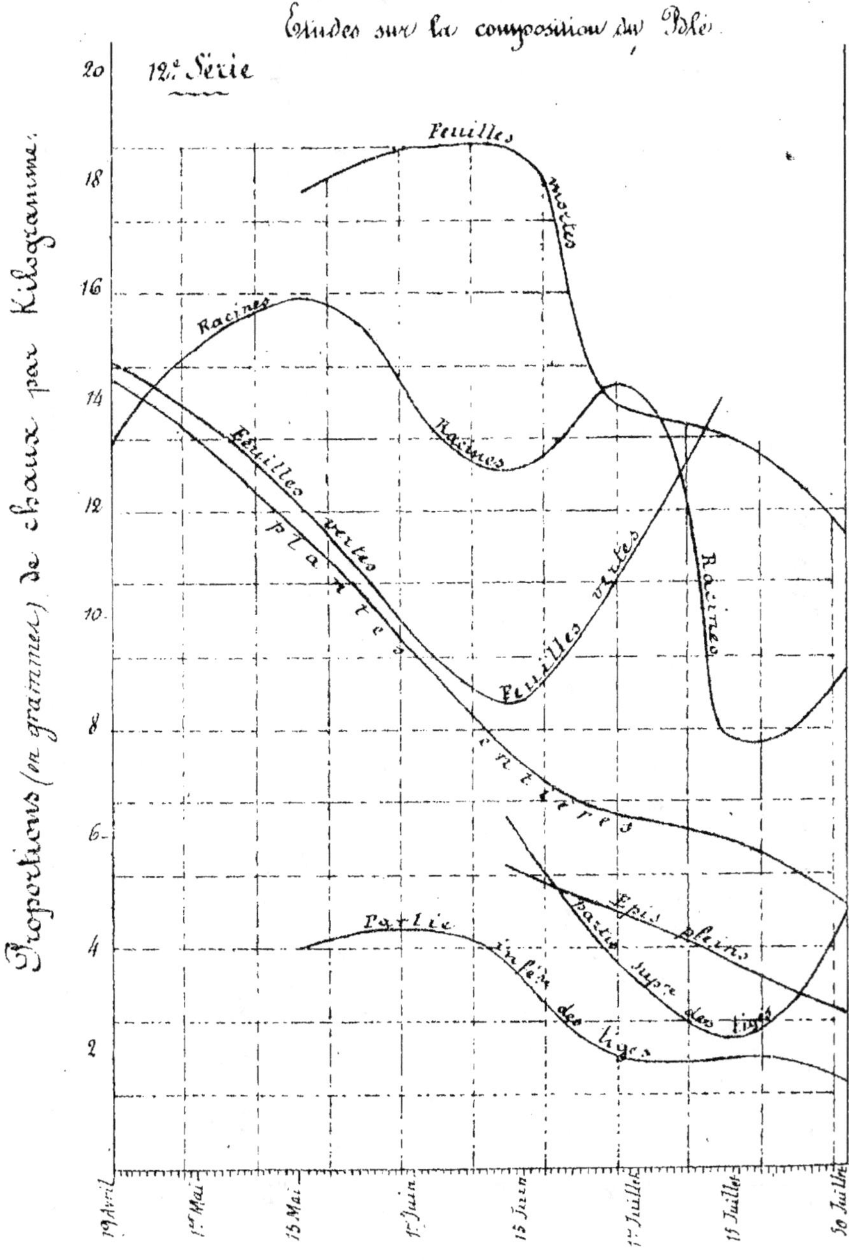

Études sur la composition du Blé.
12.e Série
Proportions (en grammes) de Chaux par Kilogramme.
20
18
16
14
12
10
8
6
4
2
Feuilles mortes
Racines
Racines
Feuilles vertes
Feuilles vertes
Feuilles vertes
Plantes
Racines
Entières
Épis pleins
Partie inférieure des tiges
Partie supre des tiges
1.er Avril
1.er Mai
15 Mai
1.er Juin
15 Juin
1.er Juillet
15 Juillet
30 Juillet

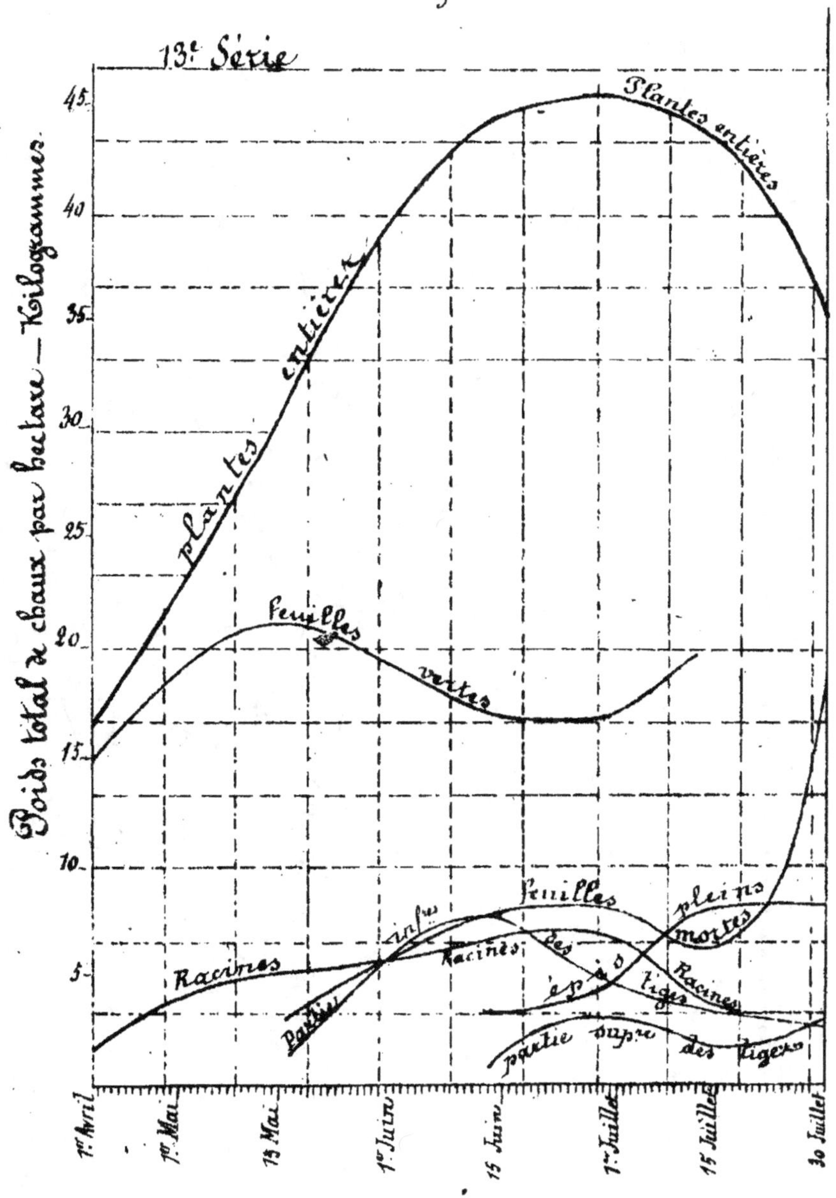

Études sur la composition du Blé.
13ᵉ Série
Poids total de chaux par hectare — Kilogrammes
45
40
35
30
25
20
15
10
5
Plantes entières
Plantes entières
Feuilles
vertes
Feuilles
pleins
mortes
infres
Racines des
Racines
Racines
Pailles
épis
tiges
partie supre
des tiges
1ᵉʳ Avril
1ᵉʳ Mai
15 Mai
1ᵉʳ Juin
15 Juin
1ᵉʳ Juillet
15 Juillet
30 Juillet

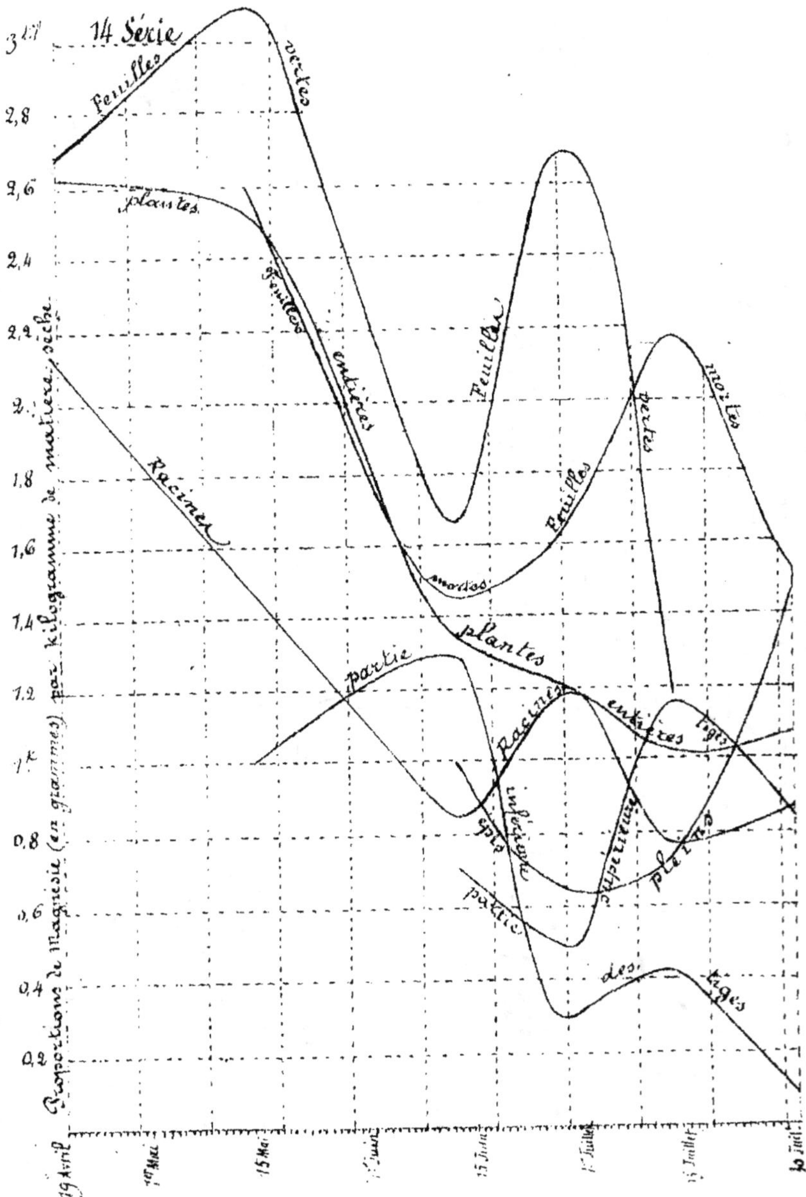

Etudes sur la composition du Blé.
14 Série
3 kil.
2,8
2,6
2,4
2,2
2
1,8
1,6
1,4
1,2
1 k
0,8
0,6
0,4
0,2
Feuilles vertes
plantes
Feuilles entières
Racines
Feuilles vertes
Feuilles
mortes
mortes
plantes
partie
Racines entières
tiges
inférieur
supérieur
plantes
partie
des
tiges
Proportions de magnésie (en grammes) par kilogramme de matière sèche
19 Avril
1er Mai
15 Mai
1 Juin
15 Juin
1 Juillet
15 Juillet
10 Juill

Études sur le développement du Blé

15ᵉ Série

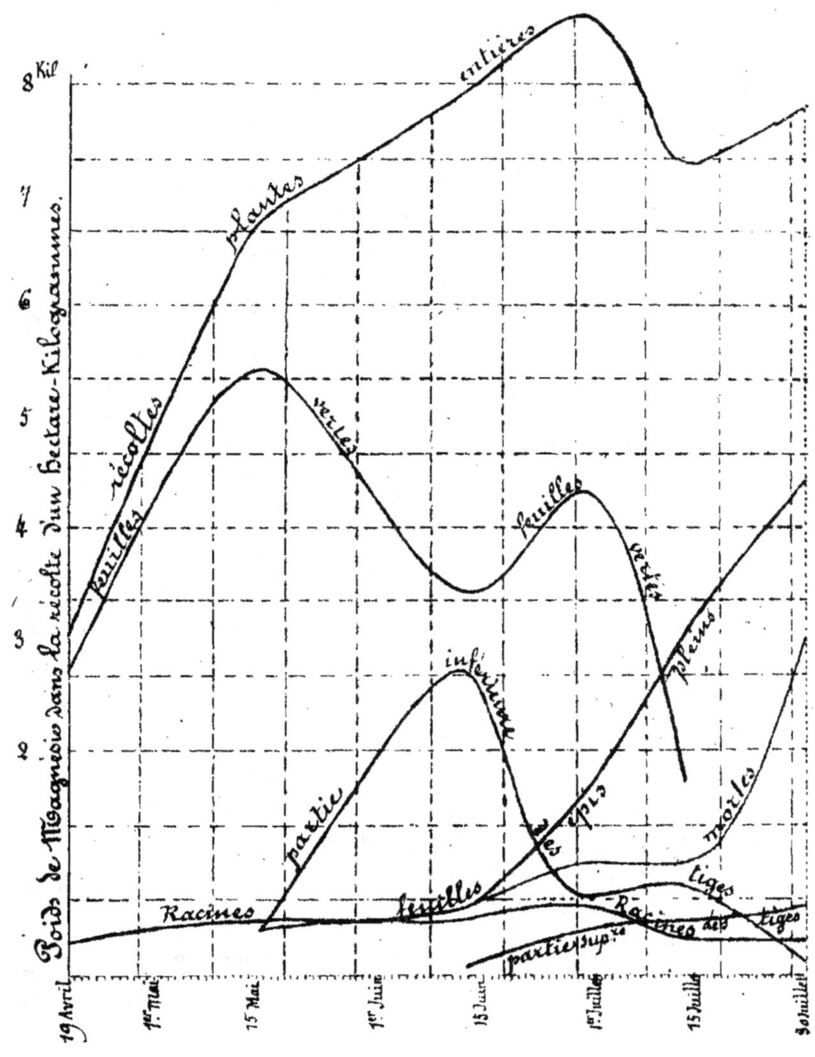

Etudes sur le développement du Blé.
16.ᵉ Série
Poids total de substances minérales par Hectare — Kilogrammes
450
400
350
300
250
200
150
100
50
récolte
complète
verte
Feuilles
Racines
partie infre
Feuilles
des épis
Raci nes
plus
mortes tiges
partie supérieure des tiges
19 Avril
1er Mai
15 mai
1er Juin
15 Juin
1er Juillet
15 Juillet
30 Juillet

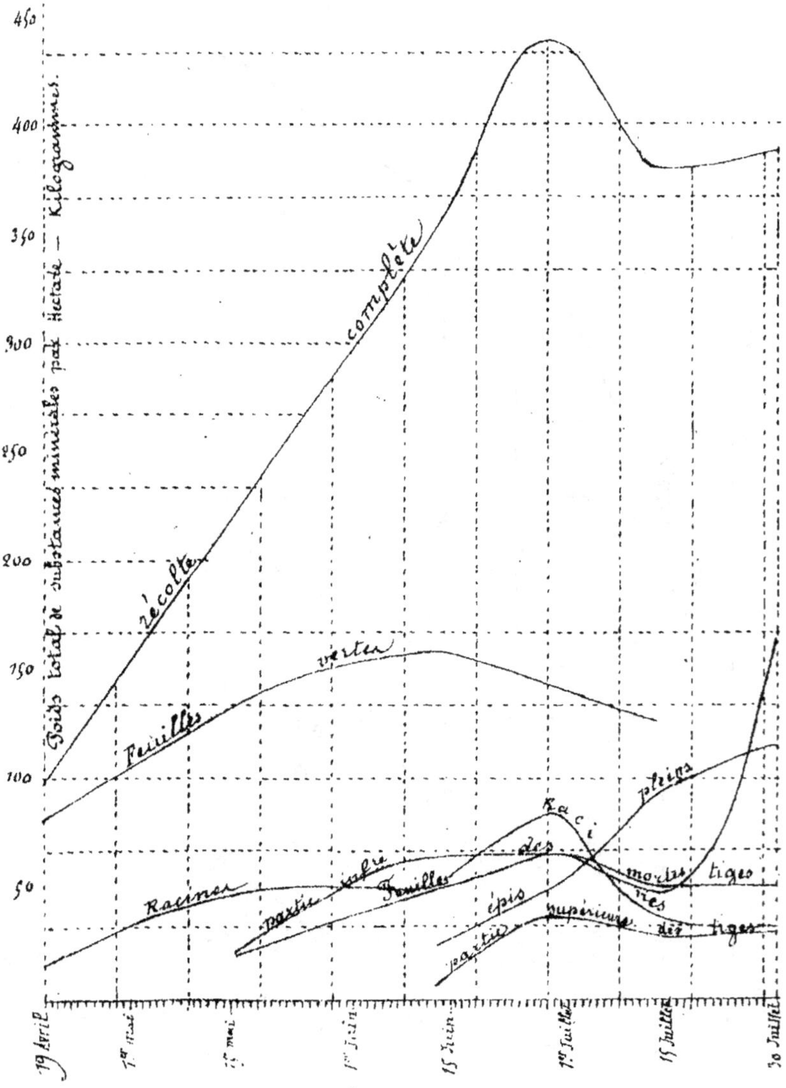

RÉSUMÉ ET CONCLUSIONS.

Les résultats de mes études sur le développement du blé peuvent être envisagés à deux points de vue, quant à leurs applications et quant aux conséquences qu'il semble permis d'en tirer :

1° Au point de vue agronomique d'abord, et c'était là le principal objet de mes recherches ;

2° Ensuite au point de vue de la physiologie végétale générale, qui peut fournir à l'agronomie des données utiles, dont la pratique ne s'est pas encore assez préoccupée.

Pour éviter, dans l'appréciation des faits, une confusion que rendrait presque inévitable la multiplicité des résultats consignés dans les nombreux tableaux qui résument l'ensemble de mon travail, j'ai cru devoir grouper ces résultats en plusieurs séries distinctes, sauf à en déduire ensuite, s'il y a lieu, des conséquences plus générales.

§ 1. — *Variations du poids total de la récolte entière et de ses diverses parties.*

La marche ascendante du *poids total* de la récolte entière, déjà très-ralentie un mois avant la maturité du grain, n'a pas paru éprouver d'accroissement sensible pendant la dernière quinzaine ; mais *il s'est encore opéré, pendant cette dernière période de la végétation du blé, des changements très-notables dans la répartition des éléments constitutifs de ses différentes parties ; l'ensemble de ces changements se résume dans un transport de matière des parties inférieures vers l'épi.*

La seule partie de la plante qui, pendant cette dernière quinzaine, ait paru éprouver encore un accroissement de poids assez considérable est l'*épi*, et la presque totalité de cette augmentation a porté sur le grain.

Considéré dans son entier, l'épi a augmenté d'environ 40 pour 100 de son poids, et cette augmentation paraît avoir eu lieu aux dépens de toutes les autres parties de la plante, racines, feuilles, tiges.

En effet, *pendant ce même intervalle de temps*,

Les racines ont perdu plus de 20 pour 100 de leur poids ;

Les feuilles, plus de 15 pour 100 ;

La partie inférieure des tiges, plus de 15 pour 100 ;

Enfin, la partie supérieure des tiges, plus de 20 pour 100.

Le poids total des *racines* (au moins telles qu'on a pu les séparer) paraît atteindre un maximum environ six semaines avant la maturité, au moment de l'épiage ; il en est de même à l'égard du poids des *feuilles*.

Dans mes expériences, le poids total de la partie inférieure des tiges (limitées entre le premier et le dernier nœud) paraît atteindre un maximum environ un mois avant la maturité, vers la fin de la floraison.

Enfin le poids total de la partie supérieure des tiges (comprise entre l'épi et le dernier nœud supérieur) paraît également atteindre un maximum environ trois semaines avant la maturité du grain.

En un mot, toutes les parties de la plante, à l'exception de l'épi, au lieu d'augmenter de poids jusqu'à la maturité, tendent à diminuer au profit de l'épi, et c'est dans les parties les plus anciennement développées que cette diminution de poids paraît commencer d'abord.

Il est à peine besoin d'ajouter que la quotité de cette diminution pourrait dépendre de beaucoup de circonstances dont l'étude est encore à faire (température, climat, etc.).

§ 2. — *Variations des proportions et du poids total des matières organiques.*

La proportion des matières organiques contenues dans un poids constant, dans un kilogramme, par exemple, n'éprouve que des variations assez restreintes, soit dans la plante considérée dans son entier, soit dans ses diverses parties, pendant toute la durée de la végétation. La variation paraît consister en une tendance vers une limite à peu près fixe, après un léger accroissement, et les différences tiennent principalement à une répartition inégale des substances minérales dans les diverses parties de la plante.

Si, au lieu de considérer les proportions de matières organiques, nous en considérons le poids total, nous arrivons à des conséquences tout à fait analogues à celles auxquelles nous avons été conduit pour le poids de la récolte entière, ce qui ne doit pas nous surprendre, puisque la matière organique constitue en général plus des neuf dixièmes du poids de la plante ou de ses diverses parties.

§ 3. — *Variations des proportions et du poids total de l'azote, dans la récolte entière et dans ses diverses parties.*

Dans les plantes entières, la proportion d'azote va constamment en diminuant jusque vers les trois dernières semaines de la végétation du blé ; à partir de cette époque, elle reste sensiblement constante.

Dans les épis entiers, cette proportion d'azote tend à diminuer d'une manière notable depuis leur apparition jusqu'à la dernière quinzaine, pendant laquelle une tendance au décroissement semble se manifester.

Dans toutes les autres parties de la plante qu'on a considérées séparément, la proportion d'azote va constamment en diminuant jusqu'à l'époque de la maturité.

C'est ainsi que, dans la partie supérieure des tiges, cette proportion d'azote n'est plus, au moment de la moisson, que la cinquième partie de ce qu'elle était six semaines auparavant.

La diminution est bien plus considérable encore dans la partie inférieure des tiges, puisqu'à l'époque de la moisson la proportion d'azote n'atteint pas la septième partie de ce qu'elle était deux mois et demi plus tôt.

Dans les feuilles vertes, quinze jours avant la maturité, la proportion d'azote ne dépasse pas le quart de ce qu'elle était trois mois plus tôt.

Dans les feuilles mortes, la diminution a lieu encore, mais elle est moins rapide ; la proportion d'azote y est constamment inférieure à ce qu'elle est dans les feuilles vertes.

Dans les racines, la proportion d'azote suit également une marche graduellement descendante, mais elle reste encore, au moment de la maturité, plus que triple de ce qu'elle est, à la même époque, dans la partie inférieure des tiges.

Si, au moment de la moisson, l'on classait dans l'ordre de leur plus grande richesse en azote les différentes parties de la plante, elles se succéderaient dans l'ordre suivant : 1° épis pleins ; 2° feuilles ; 3° racines ; 4° partie supérieure des tiges ; 5° partie inférieure de ces mêmes tiges.

Si, au lieu de considérer la proportion d'azote qui se trouve en combinaison dans un kilogramme de matière sèche, on calcule, au moyen des données que renferme le mémoire, le *poids total* de l'azote contenu dans la récolte produite sur un hectare, on trouve que :

Dans la récolte entière et complète, le poids de l'azote paraît cesser d'augmenter longtemps avant la maturité ; les observations que j'ai faites m'ont conduit à fixer *vers l'époque de l'épiage, et au commencement de la floraison, le moment où le poids total de l'azote de la plante cesse d'augmenter;* je dois même ajouter que j'ai constamment observé, au contraire, une tendance à la diminution [1].

Dans les épis entiers, le poids total de l'azote éprouve un rapide accroissement jusqu'à l'époque de la maturité ; il s'en trouve alors, dans cette partie de la plante, près des trois quarts de ce qu'on en trouve dans la récolte entière.

[1] J'ai déjà constaté une diminution analogue dans le colza, et vers la même période du développement de la plante. Cette diminution, qui surprend à première vue, peut s'expliquer, dans le colza, par la chute des feuilles, et ce qui semble justifier cette explication, c'est qu'en ne tenant plus compte des feuilles, le poids de l'azote reste constant pendant les cinq dernières semaines.

Nous ne pourrions pas dire la même chose pour le blé, dont les feuilles ne tombent pas ; mais on pourrait attribuer, avec quelque vraisemblance, la diminution à une altération des parties des feuilles les plus anciennes et les plus basses.

Le poids total de l'azote contenu dans les feuilles, vertes ou mortes, atteint son maximum environ deux mois et demi avant la maturité, plusieurs semaines avant la floraison, et finit par descendre ensuite bien au-dessous de ce qu'il était au début des observations.

Dans la partie supérieure de la tige, le poids total de l'azote atteint son maximum environ un mois avant la maturité, puis diminue ensuite de plus de 80 pour 100.

Ce maximum arrive quinze jours plus tôt dans la partie inférieure des tiges, et le poids de l'azote subit ensuite graduellement, quand la plante arrive à maturité, une diminution qui s'élève également à plus de 80 pour 100.

Le poids total de l'azote atteint, dans les racines, son maximum avant l'épiage, et subit ensuite une diminution progressive qui va jusqu'à 50 pour 100.

§ 4. — *Variations des proportions et du poids total de l'acide phosphorique.*

La proportion d'acide phosphorique en combinaison dans un kilogramme de plantes entières a diminué graduellement jusqu'à l'approche de la maturité, époque à laquelle une reprise a eu lieu.

Dans les épis entiers, l'accroissement, très-lent d'abord, est devenu beaucoup plus rapide pendant la dernière quinzaine.

La partie supérieure des tiges s'est rapidement appauvrie après la floraison ; cependant la proportion d'azote y a éprouvé un léger accroissement à l'approche de la maturité du grain.

Dans la partie inférieure des tiges, l'appauvrissement s'est continué jusqu'à la fin, et à l'époque de la moisson, cette partie de la plante avait perdu, *à poids égal*, plus des neuf dixièmes de l'acide phosphorique qui s'y trouvait avant l'épiage.

Dans les feuilles vertes, la proportion d'acide phosphorique diminue rapidement d'abord, jusqu'après la floraison, pour croître ensuite de nouveau jusqu'à leur dessiccation naturelle à l'approche de la maturité de la plante.

Dans les racines, l'appauvrissement se continue jusqu'à la fin, et cette partie de la plante est la plus épuisée d'acide phosphorique à l'époque de la moisson.

Classées alors dans l'ordre de leur richesse en acide phosphorique, les différentes parties de la plante se rangeraient dans l'ordre suivant : 1° épis ; 2° feuilles ; 3° partie supérieure des tiges ; 4° à peu près sur la même ligne la partie inférieure des tiges et les racines.

Lorsqu'on suit, dans la récolte entière et complète, la marche des variations du *poids total* de l'acide phosphorique, on voit ce poids s'élever graduellement jusqu'au moment de l'épiage, et rester ensuite stationnaire pendant un mois environ, puis croître, pendant la dernière quinzaine, d'une manière assez considérable.

Dans les épis entiers, l'accroissement du poids total de l'acide phosphorique est continu et assez régulier.

Ce poids total atteint son maximum, dans la partie supérieure des tiges, un mois avant la récolte ; dans la partie inférieure des tiges et dans les racines, au moment de la floraison, et dans les feuilles avant l'épiage.

§ 5. — *Variations des proportions et du poids total des alcalis*
(La potasse étant de beaucoup plus abondante que la soude).

La *proportion* d'alcalis va constamment en diminuant, dans
la plante entière, depuis le moment du réveil de la végétation
jusqu'à l'époque de la maturité ; elle est réduite alors à moins
du tiers de ce qu'elle était au début des observations, à la mi-
avril.

Dans les épis entiers, cette proportion d'alcalis diminue depuis l'épiage jusqu'à la dernière quinzaine de végétation de la
plante ; un notable accroissement succède alors à la diminution
graduelle qu'on avait observée jusque-là.

Dans la partie supérieure et dans la partie inférieure des
tiges, la proportion d'alcalis va constamment en diminuant, et
la diminution représente, pour chacune de ces deux parties,
environ les deux tiers de sa richesse primitive.

Dans les feuilles vertes, la proportion d'alcalis, très-considérable d'abord, diminue rapidement jusqu'après la floraison,
pour remonter ensuite jusqu'aux approches du moment où elles
jaunissent.

Dans les feuilles mortes, la proportion d'alcalis s'élève à
peine au tiers de ce qu'on en trouve dans un poids égal de
feuilles vertes.

La proportion d'alcali diminue graduellement aussi dans les
racines, mais les variations y sont beaucoup moins grandes
que dans la plupart des autres parties de la plante.

La marche des variations des proportions d'alcalis dans les

diverses parties du blé présente cela de particulier, que la différence de richesse de ces dernières tend à s'effacer à l'époque de la maturité. Cependant, si l'on se propose d'en faire le classement par ordre de richesse alcaline, au moment de la moisson, on devrait les ranger dans l'ordre suivant : 1° à peu près sur la même ligne, les épis entiers et la partie inférieure des tiges ; 2° les feuilles mortes ; 3° la partie supérieure des tiges ; 5° enfin les racines.

Le poids total des alcalis, après avoir atteint son maximum, un mois environ avant la maturité de la récolte, a éprouvé ensuite une diminution très-notable [1].

Dans les épis entiers, le poids total des alcalis suit une marche ascendante, mais surtout à l'approche de la maturité du grain.

Ce poids, dans la partie supérieure des tiges, atteint son maximum un mois avant la moisson, et diminue ensuite rapidement, surtout pendant les dernières semaines.

Dans la partie inférieure des tiges, le poids total des alcalis atteint son maximum un mois avant la moisson, puis, après avoir subi une diminution notable, il reste sensiblement constant pendant les dernières semaines de la vie de la plante.

Le poids total varie peu dans l'ensemble des feuilles, si ce n'est pendant les dernières semaines ; il éprouve alors une diminution assez considérable.

Le poids total des alcalis est en général peu considérable

---

[1] J'avais déjà observé sur le colza une diminution analogue, et je ne saurais mieux faire que de renvoyer à la note de la page 109, relative à la diminution du poids total de la récolte.

dans les racines; il paraît, toutefois, atteindre un maximum vers l'époque de la floraison.

§ 6. — *Variation des proportions et du poids total de la silice.*

Lorsqu'on envisage la plante dans son entier, la *proportion* de silice n'y éprouve que des variations assez limitées, tantôt dans un sens, tantôt dans l'autre, et cette proportion se trouve représentée par des nombres presque identiques au début et à la fin des observations.

La proportion de silice est beaucoup plus variable dans les épis complets, et paraît atteindre son maximum environ un mois avant la maturité du grain.

Cette proportion de silice croît, dans les feuilles et dans les tiges, à mesure que la plante avance vers le terme de son existence; elle acquiert alors, dans chacune de ces parties, une valeur double de celle qu'elle avait au début des observations.

Dans les racines, la proportion de silice est très-considérable, mais la grande difficulté qu'on éprouve à les débarrasser complétement des dernières traces de terre adhérente peut faire craindre une surcharge notable dans les résultats obtenus.

C'est dans les feuilles mortes, surtout, que la silice est abondante; elles en contiennent, suivant les époques d'observations, *de quatre à huit fois plus* qu'on n'en trouve dans la partie inférieure des tiges; *de deux à cinq fois plus*, à poids égal, que la partie supérieure de ces mêmes tiges.

Le classement des différentes parties de la plante, d'après leur richesse en silice, pourrait être fait dans l'ordre suivant, en commençant par les plus riches, à l'époque de la maturité : 1° feuilles mûres ; 2° racines ; 3° partie supérieure des tiges ; 4° épis pleins ; et 5° presque sur la même ligne que ces derniers, la partie inférieure des tiges.

Considérant maintenant le poids *total* de silice contenu dans une récolte entière ou dans ses différentes parties, nous voyons ce poids augmenter, dans la récolte complète, jusqu'au dernier mois, pendant lequel il se manisfeste une tendance à la diminution.

Dans la partie inférieure des tiges, le poids total de la silice paraît cesser de s'accroître environ un mois avant l'époque de la moisson, et rester ensuite sensiblement constant.

L'accroissement de poids tend à se continuer encore, dans la partie supérieure des tiges, jusqu'à leur complète maturité.

Le poids total de la silice contenue dans les tiges entières, mais dépouillées de leurs feuilles, lorsqu'il atteint son maximum, *n'est pas la cinquième partie* de ce qu'on en trouve dans la récolte entière, bien que le poids de ces tiges représente presque la moitié du poids total de la récolte.

Les épis entiers, au moment de leur maturité, contiennent à peu près le même poids total de silice que les tiges.

Mais c'est dans les feuilles, surtout, que se trouve la majeure partie de la silice que renferme la plante ; elles en contiennent, à elles seules, plus de la moitié, bien que leur poids ne représente guère que le tiers de celui de la récolte complète.

§ 7. — *Variations des proportions et du poids total de la chaux.*

La proportion de chaux contenue dans un kilogramme de plantes entières diminue d'une manière continue, et presque régulière, depuis le commencement du printemps jusqu'à l'époque de la moisson.

La diminution paraît plus régulière encore dans les épis entiers.

Dans la partie supérieure des tiges, la proportion de chaux a constamment diminué jusque vers le commencement de la dernière quinzaine où elle paraît avoir atteint son minimum, pour remonter ensuite presqu'à son chiffre primitif, à l'époque de la maturité.

Les feuilles vertes ont également présenté un minimum de richesse en chaux, mais plus tôt, vers le moment de la floraison; cette richesse différait peu, à l'approche de la maturité des feuilles, de ce qu'elle était au commencement du printemps. Il importe, toutefois, de faire observer qu'il ne s'agissait plus des mêmes feuilles, mais de l'ensemble de toutes les feuilles vertes de la récolte.

Dans les feuilles mortes, dans les racines et dans la partie inférieure des tiges, la proportion de chaux subit une diminution graduelle et continue.

De toutes les parties de la plante, ce sont les feuilles mortes qui contiennent la plus forte proportion de chaux, et les parties inférieure des tiges constituent la partie la plus pauvre.

La proportion de chaux contenue dans les premières et celle
qui se trouve dans les dernières sont à peu près dans le rapport de 4,5 à 1 lors de la première observation, et dans le
rapport de 7 à 1 au moment de la maturité. Classées alors
dans l'ordre de leur plus grande richesse en chaux, les différentes parties de la plante se succéderaient dans l'ordre que
voici : 1° feuilles mortes ; 2° racines ; 3° partie supérieure des
tiges ; 4° épis entiers ; 5° partie inférieure des tiges.

Considérons maintenant le *poids total* de chaux contenue
dans la récolte complète et dans ses différentes parties.

Ce poids total atteint son maximum, dans la récolte complète, environ un mois avant la moisson. Précisément à la
même époque, le poids total de la chaux atteint un minimum dans les feuilles vertes, après avoir atteint un maximum
un mois plus tôt.

Dans les épis complets, le poids total de la chaux éprouve un
accroissement continu, mais ralenti pendant les dernières semaines de végétation.

Le poids total de chaux combiné dans la partie supérieure
des tiges atteint son maximum vers le moment de l'épiage, et
diminue ensuite assez rapidement, au point de se trouver réduit
au tiers à l'époque de la moisson.

Dans la partie supérieure des tiges, le poids total de la chaux,
après avoir atteint son maximum un mois avant la récolte, diminue ensuite graduellement pour revenir, au moment de la
moisson, au chiffre qu'il avait atteint lors de son maximum.

On trouve dans les feuilles, au moment de la maturité, la
moitié du poids total de la chaux que renferme la récolte com-

plète, un quart dans les épis, un sixième seulement dans les tiges *entières* privées de leurs feuilles et de leurs épis.

§ 8. — *Variations des proportions et du poids total de la magnésie.*

Quand on considère la plante dans son entier, on y voit diminuer graduellement sa richesse en magnésie jusque vers le commencement du dernier mois ; à partir de ce moment, elle reste à peu près constante.

La proportion de magnésie éprouve, dans les épis complets, un accroissement lent, mais continu, jusqu'à la maturité du grain.

Cette proportion de magnésie, après avoir éprouvé un accroissement continu, dans la partie supérieure des tiges, jusqu'à la dernière quinzaine, éprouve alors une diminution notable en avançant vers le moment de la maturité.

La plus grande richesse en magnésie paraît avoir lieu, dans la partie inférieure des tiges, vers le moment de l'épiage ; elle diminue ensuite jusqu'à la moisson, et à cette époque, cette partie de la plante est extrêmement pauvre en magnésie.

Dans les feuilles, la proportion de magnésie éprouve des variations tantôt dans un sens, et tantôt dans l'autre, et ces variations restent presque toujours comprises entre les mêmes limites.

Classées par ordre de richesse en magnésie à l'époque de leur maturité, les diverses parties de la plante se succéderaient dans l'ordre suivant : 1° feuilles mûres, 2° épis complets, 3° partie supérieure des tiges, 4° racines, 5° partie inférieure des tiges.

Après avoir trouvé dans les feuilles, avant l'épiage, les deux tiers au moins du poids total de la magnésie que doit renfermer la récolte complète à l'approche de sa maturité, on voit diminuer ensuite cette quantité de magnésie au profit des épis.

La partie inférieure des tiges, qui en contenait, six semaines avant la moisson, le tiers du poids total, n'en contient plus, à la fin, qu'une quantité presque insignifiante.

Dans les épis complets, le poids total de la magnésie suit une marche assez rapidement ascendante, au point de devenir, finalement, supérieur à la moitié de ce qu'on en trouve dans la récolte entière.

Enfin, la récolte complète renferme déjà, plusieurs semaines avant sa maturité, la totalité de la magnésie qu'elle doit contenir au moment de la moisson.

En résumé,

S'il n'est pas rigoureusement vrai de dire, avec Mathieu de Dombasle, que le blé n'emprunte plus rien au sol après sa fécondation, il résulte de mes expériences que, *plusieurs semaines avant sa complète maturité, la plante cesse d'éprouver un accroissement de poids sensible ;* de toutes les parties de la plante, l'épi seul paraît alors faire exception, et augmenter de poids jusqu'à la fin, *aux dépens de toutes les autres parties* de la plante.

*Le poids total de l'*AZOTE *contenu dans la récolte complète, le poids total des* MATIÈRES ORGANIQUES, *celui des* ALCALIS, *de la* CHAUX, *de la* MAGNÉSIE, *cessent également de croître un mois avant la maturité du blé.*

*Le poids total de l'*ACIDE PHOSPHORIQUE *paraît seul faire ex-*

ception, puisqu'il a encore éprouvé, pendant les dernières se-maines, un accroissement de plus de 20 pour 100 dont l'épi seul a profité.

Enfin, il semble résulter encore de mes expériences que si, après la floraison, le blé ne contient pas encore la totalité de la matière organique nécessaire à son ancien développement, il peut déjà contenir la presque totalité des principes minéraux qui lui sont nécessaires, l'ACIDE PHOSPHORIQUE EXCEPTÉ; par conséquent, c'est surtout avant cette phase de son développement qu'il doit puiser dans le sol ceux des éléments de son organisme que le sol peut lui fournir.

J'ai essayé, au commencement de mon mémoire, de donner une idée de la fertilité du champ sur lequel j'ai opéré, afin qu'il soit possible d'apprécier, dans des études ultérieures, le degré d'influence que la fertilité du sol peut exercer sur les résultats obtenus.

Remarques sur le tallage.

La précaution que j'avais prise de compter, aussi exacte-ment que possible, la totalité des tiges mortes, grêles ou vi-goureuses, m'a permis de constater le tallage moyen produit par chaque touffe de blé qui a pu échapper aux diverses causes de destruction auxquelles est exposée la plante, depuis le mo-ment des semailles jusqu'au moment où elle a pris assez de vigueur pour n'avoir plus à redouter que les accidents météo-rologiques extraordinaires, tels que grêle, sécheresse trop prolongée, etc.

En tenant compte de toutes les tiges issues d'un même pied, j'ai obtenu, aux diverses époques d'observations, les résultats suivants :

1re Observation, 19 avril, nombre moyen de tiges par pied 4,30
2e Observation 16 mai . . . . id 3,87
3e Observation 13 juin . . . . id 4,20
4e Observation 29 juin . . . . id 4,10
5e Observation 13 juillet . . . . . id 3,35
6e Observation 30 juillet . . . . . id 3,41

Tallage moyen 3,87

C'est-à-dire un peu moins de quatre tiges par pied.

De la comparaison de ces divers nombres il semble résulter que le tallage moyen est un peu plus faible dans les dernières observations que dans les premières ; faudrait-il en conclure que les planches prises pour types n'offraient pas une suffisante homogénéité ? que le blé n'y était pas assez régulièrement réparti ? Je serais plutôt disposé à attribuer les différences constatées, à cette circonstance qu'à l'époque des dernières observations, les tiges les plus anciennement atrophiées avaient pu éprouver, peu à peu, une altération assez avancée pour qu'il fût difficile de les recueillir toutes, et si l'on considère qu'un certain nombre de ces tiges rudimentaires ne consistaient guère qu'en deux feuilles emboîtées l'une dans l'autre, on comprendra facilement que la disparition de l'une de ces deux feuilles devait rendre la constatation difficile. On comprendra également sans peine que, dans les deux dernières observations, lorsque les racines du blé étaient presque sèches et la terre plus dure, on a pu être exposé plus souvent à éclater et à compter séparément deux parties d'une même touffe primitive, et à augmenter ainsi, dans une certaine mesure, le nombre des pieds, ce qui diminuait dans le même rapport le tallage constaté.

Les résultats de l'observation semblent donner quelque créance à cette double interprétation, car nous voyons en même temps diminuer le nombre total des tiges et augmenter notablement le nombre des touffes :

Nombre total des touffes sur trois centiares.	Nombre total des tiges.	Tiges mortes ou douteuses.
19 avril 413.	1780.	»
16 mai 460.	1778.	»
13 juin 420.	1764.	764
29 juin 412.	1688.	816
13 juillet 478.	1600.	746
30 juillet 452.	1540.	648

Si, à l'époque de la maturité, nous comparons le nombre total des *épis* récoltés avec le nombre total des tiges comptées, ou avec le nombre total des touffes, nous trouvons un peu plus d'un épi pour deux tiges, en moyenne ; nous trouvons deux épis par pied, et 275 épis par mètre carré. Un champ qui se trouverait dans des conditions semblables contiendrait donc 2 750 000 épis par hectare, et chaque épi serait produit, en moyenne, par une étendue superficielle d'environ 36 centimètres carrés, c'est-à-dire par une superficie qu'on peut représenter par un petit carré de 6 centimètres de côté. Chaque pied ayant produit en moyenne deux épis, dans nos expériences, il occuperait ainsi un espace double, c'est-à-dire

72 centimètres carrés, représentés par un petit carré d'un peu plus de 8 centimètres de côté.

Quelques observations sur le rendement.

On a trouvé, par une détermination directe, qu'un décilitre du blé semé contenait 1733 grains; les 40 litres employés en contenaient donc 693 300. Répartis entre 17 ares ou entre 1 700 centiares, ces 40 litres avaient fourni à chaque centiare 408 grains. Comme, en définitive, chaque centiare n'a produit que 146 pieds mères ou touffes, il en résulte que 262 grains (environ 64 pour 100 de la semence), n'ont donné aucun produit, soit qu'ils aient pourri en terre, soit qu'ils aient été mangés, ou que les plantes auxquelles ils ont donné naissance aient péri par des causes diverses. En somme, il y a donc eu perte d'environ 64 pour 100 du grain employé comme semence. Si, de cette perte numérique, on défalque les grains notoirement défectueux, dont le nombre s'élevait à 6,35 pour 100, la perte de grains susceptibles de germer sera un peu réduite; mais il n'en reste pas moins établi que 57,65 pour 100, ou *plus de la moitié du grain employé n'a rien produit*.

Le blé récolté sur trois centiares (supposé complétement privé d'eau) pesait 797,^{gr}655, soit, pour un centiare, 265,^{gr}885. Comme chaque centiare a produit, en moyenne, 275 épis de toutes dimensions, chaque épi moyen portait donc 96 centigrammes de grains complétement privés d'eau, ou

1$^{gr.}$08 de grains pris dans l'état d'humidité où se trouvait le blé quand on l'a battu et nettoyé.

Or on a trouvé, dans 100 grammes de ce blé, 2 440 grains ; il en résulte que le poids moyen d'un de ces grains s'élève à 41 milligrammes, ce qui correspondrait à 26 grains 35 centièmes par épi moyen ; mais, parmi ces grains, il en est qui sont trop imparfaits pour pouvoir être conservés et mis en vente, et qui constituent les déchets ou mauvaises criblures ; j'ai retiré directement, d'un kilogramme du blé récolté, 1700 de ces grains, pesant 30,$^{gr.}$2 ; ce qui donne, pour le poids moyen d'un grain défectueux, 17 milligrammes 3/4.

Si l'on séparait préalablement, de la totalité de la récolte, ces grains défectueux, le poids moyen des bons grains s'en trouverait plus élevé, il se trouverait porté à 42 milligrammes 3/4. Le nombre des grains défectueux, comparé au nombre total des grains récoltés, en représentait 6,97 pour 100, soit, pour 26,35 grains, 1,84 grains (un peu moins de deux grains par épi) ; la récolte de chaque *épi moyen* se trouvait alors ainsi représentée :

Bons grains. . . 24,51 ⎫
Grains défectueux . 1,84 ⎬ Total, 26,35

Rapportée à l'hectare, la récolte moyenne et *complète* de grain se trouve représentée par 38 hectolitres 24 litres, sur laquelle 1 hectolitre 25 litres de grains complétement défectueux pesant ensemble 89,$^{kil.}$6, et 36 hectolitres 99 litres de blé marchand pesant 2873,$^{kil.}$8 [1].

---

[1] Nous croyons utile de prévenir ici que la manière dont nous avons égrené notre récolte a dû nous donner un rendement supérieur à celui

Le rendement total obtenu correspond, en volume, à 13 fois et demie la semence mise en terre, et à plus de 29 fois la semence réellement productive.

____

Examen particulier du grain.

J'aurais bien voulu pouvoir examiner ici la composition du grain de semaine en semaine, ou même à des intervalles de temps plus rapprochés, pendant le dernier mois de végétation du blé, mais les circonstances ne m'ont pas permis de compléter comme je l'aurais voulu cet important travail, et j'ai dû me borner à l'examen du grain récolté le 13 et le 30 juillet, c'est-à-dire à l'époque de mes deux dernières observations.

(Blé du 13 juillet.)

J'ai récolté à part trois centiares de blé le 13 juillet, un centiare sur chaque parcelle, pour faire un dosage spécial du grain et de ses divers principes constitutifs, en même temps qu'on faisait un examen spécial des divers parties, sur un autre échantillon récolté le même jour.

J'ai obtenu ainsi, après un battage soigné, suivi d'un nettoyage minutieux, une récolte de grain qui, complétement sèche, pesait 533 grammes; le poids correspondant, pour un hectare, se fût élevé à 1776^{kil},7.

qu'on eût obtenu par les procédés usuels de battage, tandis que notre mode de nettoyage nous a donné, au contraire, un déchet moindre; en sorte que nos résultats doivent nécessairement surpasser un peu ceux qu'on eût obtenus dans une pratique courante.

Ce grain contenait, par kilogramme de matière sèche :

Azote 1er dosage. . . 18,gr. 55 ⎫
     2e dosage. . . 18, 99 ⎭ Moyenne, 18,gr. 77

Dans chaque kilogramme de grain sec on a trouvé :

Matières organiques combustibles, déduc-
    tion faite de l'azote. 958,gr. 655

Azote en combinaison. 18, 77

Substances minérales (cendres). 22, 665

Composition des cendres :

Silice. 0, 605

Oxyde de fer. 0, 403

Acide phosphorique. 9, 784

Chaux. 0, 269

Magnésie. 0, 097

Potasse. 5, 733

Soude. 0, 552

Substances diverses non dosées. 0, 222

(Blé du 30 Juillet.)

Poids total de blé complétement sec, récolté sur trois
    centiares, 791,gr. 655

Poids correspondant pour un hectare, 2638,kil. 85

Azote par kilogramme de matière sèche.

    1er dosage, 18,gr. 703 ⎫
    2e dosage, 19, 254 ⎭ Moyenne, 18,gr. 979

Composition de la matière sèche, sur un kilogramme :

Matières organiques combustibles, déduc-
    tion faite de l'azote. 960,gr. 786

Azote en combinaison. 18, 979

Substances minérales (cendres) 20, 235

Composition des cendres :

Silice 0, 517

Oxyde de fer avec un peu de manganèse.   0, 229

Acide phosphorique 7, 363

Chaux. 0, 472

Magnésie. 1, 363

Potasse 5, 511

Soude. 0, 472

Substances diverses non dosées 4, 308

Si l'on se bornait à comparer ces deux états du grain à poids égal, on trouverait le premier, c'est-à-dire celui qui n'avait pas encore atteint son développement complet, à peu près aussi riche en azote, plus riche en phosphates et en alcalis ; mais si, au lieu de se placer à ce point de vue trop restreint, on se place à un point de vue plus pratique, et si l'on tient compte du poids total de la récolte obtenue sur une surface donnée, sur un hectare, par exemple, on arrive à cette conséquence que *la récolte entière* de blé mûr contient, au contraire, plus d'azote, plus d'acide phosphorique, plus d'alcalis, mais sensiblement la même quantité de magnésie. C'est ce qui résulte de la comparaison des nombres ci-après :

	Récolte de grain du 13 juin.	Récolte de grain du 30 juin.
	Pour un hectare :	
Azote	33,$^{kil.}$1	50,$^{kil.}$1
Acide phosphorique	17, 4	19, 4
Alcalis.	11, 2	15, 8
Magnésie	3, 6	3, 6

Observations sommaires sur l'épuisement partiel produit par la récolte.

L'épuisement partiel du sol, après la production d'une récolte, est l'état en vertu duquel il se trouve alors moins apte
à produire soit une récolte semblable, soit une récolte de nature différente. Comparons, avant et après la récolte du blé
qui a fait l'objet de nos études, les aptitudes probables de
notre champ à fournir les substances que l'on considère
comme les plus actives et les plus utiles aux plantes usuelles,
en jugeant de ces aptitudes par l'abondance plus ou moins
grande des substances dont il s'agit, soit dans la récolte, soit
dans le sol qui l'a produite. En retranchant de la totalité de la
récolte que nous avions arrachée avec tant de soin, les racines
qui représentent à peu près le chaume que laisse en terre une
récolte fauchée très-bas, nous trouvons que le reste contient :

Azote en combinaison.	67^{kil}8
Acide phosphorique.	22, 9
Potasse.	32, 7

La comparaison de ces nombres avec ceux qui résultent de
l'analyse du sol, faite avant l'ensemencement, pourrait nous
permettre de pressentir la nature des principes sur lesquels
doit plus spécialement porter l'épuisement.

	Dans la récolte.	Dans un hectare (couche superficielle de 25 centimètres).
Azote en combinaison.	67^{kil}8.	»^{kil}»
Azote en combinaisons fa- cilement solubles.	» ».	66, 7

Azote en combinaisons
insolubles au moment
de l'ensemencement. . . » ». . . . . 6243 »
Acide phosphorique.. . . 23, 9. . . . . 6577 »
Potasse. . . . . . . 32, 7. . . . . 3082 »

Il semble résulter de cette comparaison que la totalité de l'azote engagé dans des combinaisons solubles au moment de la mise en terre du blé a été absorbée au profit de ce dernier; une pareille conclusion, qui semble légitime à première vue, serait cependant un peu hasardée. En effet, pendant les huit mois que la plante a passés en terre, l'atmosphère a pu fournir au sol, et, par suite, mettre à la disposition de la récolte, une quantité très-notable d'azote engagé dans des combinaisons solubles (nitrates, sels ammoniacaux), et cette quantité peut être évaluée approximativement à seize kilogrammes d'azote environ; d'un autre côté, sous l'influence des agents de toute nature qui interviennent constamment, une partie de la réserve considérable d'azote engagé dans des combinaisons trop stables pour être solubles en novembre 1862, a pu et dû, en se transformant, pendant les huit mois de végétation de la plante, mettre à sa disposition de nouveaux principes azotés solubles et assimilables.

Ce que nous disons pour l'azote, on peut le dire pour la potasse, dont les eaux pluviales amènent, chaque année, une douzaine de kilogrammes sur chaque hectare, dans notre plaine de Caen, apport auquel il faut ajouter les parties de la réserve qui deviennent solubles avec le temps.

En somme, le prélèvement en azote se trouve en partie restitué (pour un quart environ) par l'atmosphère, et ne forme que la quatre-vingt-douzième partie de la réserve totale d'azote contenue, sous diverses formes et à divers états, dans les vingt-cinq centimètres qui constituent la couche superficielle du sol. Le prélèvement en potasse représente environ la quatre-vingt-quatorzième partie de cette même réserve en potasse, et le prélèvement d'acide phosphorique ne représente pas la deux cent quatre-vingtième partie de ce qu'en renfermait cette même couche superficielle du sol. Il est bien entendu que nous ne saurions apprécier ici, même approximativement, dans quelles conditions ces diverses réserves pourraient, dans un temps déterminé, mettre à la disposition des récoltes telles ou telles proportions des matières utiles qui les constituent.

Examen spécial des nœuds du blé mûr.

J'avais entendu dire tant de fois que les nœuds de la tige du blé sont extrêmement riches en silice, que j'ai été curieux de vérifier ce fait dont je n'avais pu trouver la preuve écrite dans aucun des ouvrages qu'il m'a été possible de consulter.

J'ai pris au hasard, dans les 847 tiges du blé récolté le 30 juillet 1863, sur les trois centiares destinés au battage, 500 tiges dont on a séparé *tous les nœuds*, en y laissant le moins possible de chaume.

Ces nœuds, desséchés puis moulus, ont été examinés avec soin, et ont donné, par kilogramme :

Matières organiques combustibles (azote
  non compris). 938,gr 793
Azote en combinaison.   3,   62 (1)
Substances minérales (cendres). . . .   57,   587
L'analyse des cendres a donné :

Silice.   10,   261
Oxyde de fer.   0,   355
Acide phosphorique   1,   605
Chaux.   5,   904
Magnésie.   2,   652
Potasse.   21,   765
Soude.   2,   024
Substances diverses non dosées (char-}
  bon, acide carbonique etc.). . . . .}   13,   021

En comparant la proportion de silice contenue dans ces
nœuds avec celle que renferment les autres parties de la tige,
on trouve que les nœuds contiennent, à poids égal :

Les *deux cinquièmes* à peine de la silice qu'on a trouvée dans
la partie inférieure des tiges [2] (nœuds compris) ;

Le *tiers* de la proportion de silice contenue dans la partie supérieure des tiges ;

Moins de la *sixième partie* de ce qu'en fournirait un poids
égal de feuilles.

Mais ce qui m'a surtout frappé, c'est l'énorme proportion de
potasse, qui constitue les deux cinquièmes du poids des cendres,

[1] Moyenne de deux analyses.
[2] Il importe de ne pas perdre de vue le sens que nous avons attribué
à ces expressions, partie *inférieure* ou partie *supérieure* des tiges.

et qui dépasse de beaucoup la proportion qu'on en trouve dans les autres parties de la plante; on trouve, dans les nœuds de la tige du blé mûr, *quatre fois autant de potasse* qu'on en trouverait dans un poids égal de celle des autres parties de la plante qui en contient le plus.

Examen spécial des balles de blé.

En examinant les épis entiers, j'y avais trouvé une proportion de silice assez considérable, et comme le grain en contient fort peu, il en résultait tout naturellement que les enveloppes ou *balles* du blé doivent en contenir beaucoup. Cette observation ayant été faite trop tard pour qu'il me fût possible de soumettre à un examen spécial les balles du blé de ma récolte de 1863, j'ai choisi, pour cette étude, trois variétés de balles de blé parfaitement pures, c'est-à-dire nettoyées avec beaucoup de soin et provenant d'échantillons qui avaient servi à des recherches antérieures, en 1855.

I. *Balles pures de* FRANC BLÉ BARBU BLANC *de la plaine de Caen*
(collection Manoury)

Matières organiques combustibles, azote déduit, (par kilogramme de matière sèche). . . . . 865 gr 909

Azote en combinaison. . . . . 7 »

Substances minérales (cendres). . . . 127, 091

Composition des cendres.

Silice. 116, 420

Oxyde de fer 0, 120

Acide phosphorique.	1, 692
Chaux	3, 644
Magnésie.	0, 577
Potasse.	2, 667
Soude.	0, 195
Matières diverses non dosées	1, 836

II. *Balles pures d'un autre* BLÉ BARBU

(n° 2 de la collection Manoury).

Matières organiques combustibles ou volatiles, déduction
faite de l'azote (par kilogr. de matière sèche). 851^{gr}284

Azote en combinaison.	7, 6
Substances minérales (cendres).	141, 16

Composition des cendres :

Silice,	131, 370
Oxyde de fer.	0, 346
Acide phosphorique.	1, 786
Chaux.	4, 122
Magnésie.	0, 447
Potasse.	1, 630
Soude.	0, 546
Substances diverses non dosées.	0, 909

III. *Balles pures d'un* BLÉ NON BARBU

(n° 70 de la collection Manoury).

Matières organiques combustibles ou volatiles, azote déduit (par kilogramme de matière sèche). 837, 71

Azote en combinaison. , ...	9, 5
Substances minérales (cendres).	152, 79
Composition des cendres :	
Silice.	144, 729
Oxyde de fer, ...	0, 092
Acide phosphorique.	1. 019
Chaux.	2, 283
Magnésie.	0, 531
Potasse. . , ... , . .	2, 815
Soude.	0, 387
Substances diverses non dosées. . . .	0, 934

Je m'abstiendrai de faire, quant à présent, des rapprochements trop nombreux qui pourraient être prématurés; mais il est impossible de ne pas être frappé de l'énorme quantité de silice que contiennent les enveloppes extérieures du grain de blé produit par les épis; la richesse en silice des *balles* de blé est presque *double* de celle des feuilles mortes, déjà si riches pourtant; elle est presque *décuple* de celle de la partie inférieure des tiges; elle est *plus de douze fois plus grande* que celle des nœuds de la tige. *Les balles de blé sont*, en un mot, *les parties de la plante les plus riches en silice; elles en contiennent de 12 à 14 pour % de leur poids.* La silice constitue *plus des neuf dixièmes* du poids des cendres des balles de blé (de 92 à 96 pour %).

Composition des feuilles de blé avant l'épiage. — Limbe.

Dans mon travail d'ensemble sur la récolte de 1863, j'ai examiné à part les feuilles vertes, à divers âges de la plante;

mais il se trouvait presque toujours en même temps, mélangés avec elles, des rudiments ou des sommités de tiges ; d'ailleurs la feuille se trouvait toujours entière (*limbe* et *gaîne*).

Il pouvait être intéressant de faire une comparaison entre les différentes parties de la feuille ; la gaîne d'une part, et de l'autre le limbe, c'est-à-dire la partie flottante et étalée, dans le blé. — A défaut d'observations directes à comparer, j'ai recherché, dans ma collection de produits, des feuilles qui avaient été coupées en 1855, sur un blé trop fort, pour l'empêcher de verser ; cet échantillon représentait les feuilles de la partie supérieure de la plante, et consistait exclusivement en limbes entiers ou parties de limbes coupés de diverses longueurs, car on avait pratiqué l'opération comme on la fait en grand, et je n'avais d'ailleurs d'autre but, en 1855, que d'étudier la valeur de ces feuilles comme fourrage.

Elles avaient fourni alors, à l'état sec, 42,^{gr}5 d'azote par kilogramme, et à l'état vert 8,^{gr}8.

L'examen plus circonstancié que j'en ai fait depuis m'a appris que ces limbes ou parties de limbes de feuilles de blé se composaient, pour un kilogramme, de :

Matières organiques combustibles ou volatiles. 880,^{gr}5

Azote. 42, 5

Substances minérales (cendres). . . : . . . 77, 0

Composition des cendres :

Silice. 28, 620

Oxyde de fer 3, 667

Acide phosphorique 7, 603

Chaux 11, 514

Magnésie 0, 756
Potasse 17, 567
Soude. 0, 360
Substances diverses non dosées. 6, 913

La composition de ces limbes entiers ou tronqués se rapproche beaucoup de celle des feuilles du 16 mai 1863 prises avant l'épiage ; seulement nous y voyons un peu plus de potasse et d'acide phosphorique.

Toutefois, tels qu'ils sont, ces résultats semblent indiquer que la composition du limbe des feuilles vertes du blé ne doit pas différer beaucoup de celle de la partie engaînante qui enveloppe la tige.

Chimie appliquée à l'agriculture, 4ᵉ édition, un vol. in-12 avec figures. — Paris, librairie agricole de la maison rustique, 26, rue Jacob.

Valeur nutritive des fourrages, 3ᵉ édition, un vol. in-12. — Paris, COIN, libraire, 22, rue des Écoles.

Alimentation du bétail aux divers points de vue de la production, du travail, de la viande, de la graisse, du lait, de la laine et des engrais, un vol. in-12 (même librairie), 3ᵉ édition.

Études comparées sur la culture des céréales, plantes fourragères et des plantes industrielles, un vol. in-12. — Même librairie.

Notions élémentaires d'analyse chimique appliquée à l'agriculture, un vol. in-12. — Même librairie.

Études sur la dégénérescence des prairies artificielles. Ouvrage couronné par la Société d'agriculture d'Orléans. Un seul vol. in-12. — Même librairie.

Recherches analytiques et essais pratiques sur divers sujets d'agronomie, un vol. in-8º.

Recherches analytiques et pratiques sur divers sujets d'agronomie et de chimie appliquée à l'agriculture. Nouvelle série, un vol. in-8º.